APRÈS NOUS LE DÉLUGE ?

DES MÊMES AUTEURS

Jean-Marie Pelt (extraits)

Nouveau tour du monde d'un écologiste, Fayard, 2005.
Les Vertus des plantes, Chêne, 2004.
Dieu en son jardin, Desclée de Brouwer, 2004.
La Solidarité, avec Franck Steffan, Fayard, 2004.
La Loi de la jungle, avec Franck Steffan, Fayard, 2003.
L'Avenir droit dans les yeux, Fayard, 2003.
Les Nouveaux Remèdes naturels, Fayard, 2001.
La Terre en héritage, Fayard, 2000.
La Cannelle et le Panda, Fayard, 2000.
La Plus Belle Histoire des plantes, avec M. Mazoyer, T. Monod et J. Girardon, Seuil, 1999.
Le Jardin de l'âme, Fayard, 1998.
Plantes en péril, Fayard, 1997.
Les Langages secrets de la nature, avec Franck Steffan, Fayard, 1996.
Dieu de l'Univers, science et foi, Fayard, 1995.
Des fruits, Fayard, 1994.
Des légumes, Fayard, 1993.
Le Tour du monde d'un écologiste, Fayard, 1990.
La Prodigieuse Aventure des plantes, avec J.-P. Cuny, Fayard, 1981.
Drogues et plantes magiques, Fayard, 1983 (nouvelle édition).
La Médecine par les plantes, Fayard, 1981 (nouvelle édition revue et augmentée, 1986).
La Vie sociale des plantes, Fayard, 1984 (réédition 1985).
Les Plantes : amours et civilisations végétales, Fayard, 1980 (nouvelle édition revue et remise à jour, 1986).
L'Homme renaturé, Seuil, 1977 (Grand Prix des lectrices de *Elle*. Prix européen d'Écologie. Prix de l'académie de Grammont), réédition, 1991.

Gilles-Éric Séralini (extraits)

Génétiquement incorrect, Flammarion, 2003 ; édition revue et augmentée, coll. « Champs », 2005.
Ces OGM qui changent le monde, Flammarion, coll. « Champs », 2004.
L'Évolution de la matière, de la naissance de l'Univers à l'ADN, Pocket, coll. « Explora », 1994.

Jean-Marie Pelt
Gilles-Éric Séralini

APRÈS NOUS LE DÉLUGE ?

FLAMMARION/FAYARD

ISBN : 2-08-210549-0

PROLOGUE

« C'est une triste chose de penser que la nature parle et que le genre humain n'écoute pas. »

Victor Hugo

Nous sommes peu nombreux, quelques voix dispersées sur tous les continents, à dénoncer le massacre du vivant. Il est grand temps que le cercle s'élargisse. L'urgence nous dicte aujourd'hui de vous livrer notre expérience concrète de scientifiques pour que vous puissiez juger de la situation : votre situation d'êtres humains bientôt incapables de léguer à leur descendance une planète en bonne santé. Votre état de femmes et d'hommes en chute de fertilité, avec des altérations génétiques croissantes, votre état de cancéreux en puissance. Mais aussi votre statut de citoyennes et citoyens désireux d'agir sur leur vie. Une simple vie humaine. Immensément belle en ce qu'elle est l'extraordinaire et intelligente manifestation des réseaux d'espèces et d'individus qui, de la bactérie au lichen, de l'insecte au mammifère, contribuent en permanence à l'émergence et à l'évolution de la vie. Une fabuleuse distribution où chaque être vivant doit sa place au rôle qu'il joue par rapport aux autres. Et à une complexité de fonctions jusqu'au cœur de la cellule. Mais une vie rare, fragile, agressée par les pollutions chimiques, génétiques, et par la disparition accélérée de milliers d'espèces. Une existence essentiellement menacée par nos modes de vie. Par notre usage du monde.

Nos sociétés, nos économies se sont développées sur l'axiome d'une terre inépuisable, corvéable à merci. Dans cet esprit, l'impact de nos activités a toujours été évalué à la marge et a compté pour négligeable. La Terre en avait vu d'autres... Et la logique des systèmes en place conduit à « résoudre » le problème immédiat sans en chercher la cause initiale.

Certains nourrissent encore l'espoir, la croyance que la science trouvera bien, un jour, une solution. Seulement, il ne s'agit plus de problèmes d'hygiène ou de microbes, que la science est parvenue, *grosso modo*, à juguler, du moins dans les pays riches. Nous devons affronter une transformation radicale des milieux qui hypothèque le retour à un état sanitaire satisfaisant. Nous touchons aux rivages de l'irréversible.

Il a fallu la menace que font peser sur l'économie les cyclones, la sécheresse, les inondations et la fonte des glaciers pour que la classe politique mondiale commence à se saisir du dérèglement climatique et de la pollution atmosphérique. Mais les climatologues avaient réagi, constaté, interpellé. Par contre, alors que l'air, l'eau, la terre se polluent toujours davantage, que notre environnement chargé d'innombrables molécules suspectes devient de plus en plus pathogène, nous déplorons l'absence d'unanimité des biologistes, les scientifiques les plus près de la vie, pour alerter leurs concitoyens sur les dangers encourus.

C'est pourquoi nous unissons aujourd'hui nos voix pour partager avec le plus grand nombre notre inquiétude sur l'état de la terre et nos interrogations sur le rôle de la science tant dans le bilan des atteintes à la biodiversité (pollutions chimiques et génétiques), dans l'épuisement des ressources naturelles (eau douce, pétrole, gaz, forêts, sols arables), que dans les voies proposées pour remédier à ces désastres.

De la science, nous avons des approches et pratiques complémentaires, de la très visible observation des plantes à l'invisible vie des cellules et des gènes. Le botaniste qu'est Jean-Marie Pelt a exploré l'Afghanistan, une partie de l'Afrique occidentale et sa Lorraine natale avant de créer l'Institut européen d'écologie à Metz. En son laboratoire universitaire de Caen, Gilles-Éric Séralini, le biologiste moléculaire, traque le rôle des pesticides dans les cancers humains et les problèmes de reproduction, après avoir affûté ses outils aux États-Unis et au Canada.

En fait, nous nous complétons. Nous formons à nous deux un scientifique tel que nous aimerions qu'il soit : relié aux autres questionnements scientifiques que le sien. Capable de faire ce va-et-vient nécessaire du détail à la globalité et de la globalité au détail.

Aujourd'hui, dans nos universités et nos laboratoires de recherches, nous sommes trop rarement capables de rapporter le détail à la globalité, de lire les complémentarités à l'intérieur du biotope terrestre, car nous n'avons plus, ou presque plus, les botanistes, les physiologistes, les embryologistes, les zoologistes, tous ces grands explorateurs du vivant qui asseyaient leur savoir sur leurs capacités d'observation et de description – ces qualités aujourd'hui méprisées car elles n'ont de valeur que dans le temps, alors que nous vivons dans l'instant.

Pourtant, comment connaîtrait-on la disparition des espèces sans les inventaires des XVIIe et XVIIIe siècles, sans les herbiers, sans les collections des muséums ? Comment connaître la richesse d'un biotope sans la précision des relevés des voyages scientifiques ? La science est devenue pressée. Elle vit dans l'urgence et le résultat immédiat. Elle n'investit plus sur le long terme, elle finance des projets de recherche dont on définit à l'avance ce qu'il faut qu'ils trouvent. Pas question de s'embarrasser avec des considérations générales. On préfère ignorer la cohérence du monde.

Depuis environ quatre décennies les biologistes ne jurent plus que par l'infiniment petit. Oublié l'homme qui se tient au sommet des cellules assemblées, effacé le paysage dans lequel il se meut, ignorée la planète sur laquelle il niche avec plantes et animaux. Au-delà du strict sujet d'étude, le monde est gommé. Il n'est plus étudié, ou presque, qu'à travers le prisme des gènes et des micro- ou nanoparticules. Certains scientifiques continuent d'y projeter leurs fantasmes de simplicité, du genre un gène = une protéine = une fonction. Ne leur vient-il pas à l'esprit que l'infiniment petit, à l'instar du grand, fonctionne en système ? Le monde entier n'est qu'interactions et interdépendances mais, aspirés par le tunnel de l'infiniment minuscule, ces chercheurs ne voient trop souvent que ce qui est au bout de leur lorgnette, fût-elle électronique. Devenus ce que nous appelons des scientifiques réductionnistes, ils s'enfoncent dans une parcelle infinitésimale de la réalité atteinte grâce à la technique, mais aussi isolée du reste – cellule, organe, corps, biotope, monde – par un mur technique. Microscopes et ordinateurs n'ont ni rétroviseur ni zoom arrière. La science et sa technologie de pointe, portée par

1) ausradieren 2) in der Art von

la biologie, ressemblent à ces animaux de trait tout à leur labeur immédiat. Atomisée en ses objets de recherche, la pratique scientifique a rompu avec une vision cohérente du monde, s'est trouvée entraînée, et l'humanité avec, dans un divorce avec la nature... et un mariage avec l'économie de marché.

N'est-ce pas intenter un procès déplacé que de vouloir instruire un tel dossier, que de conférer à la science un tel pouvoir et une telle responsabilité ? Depuis les Lumières, elle est l'outil central de l'évolution de notre société. Elle a, par ses innombrables découvertes, bouleversé les modes de vie et d'organisation de la société. Elle a changé les conceptions de notre place dans l'Univers au point de devenir, au XXe siècle, une référence morale supplantant celle de la religion. Pour s'en convaincre, il n'est que de voir le nombre de scientifiques à la tête des comités d'éthique, ou les décisions de justice tranchant en faveur de tel ou tel acharnement thérapeutique. La science et les systèmes technologiques qui en découlent ont pris les commandes de nos vies.

Nous considérons que la science n'est ni bonne ni mauvaise, mais nous voulons juger l'arbre à ses fruits. Nous comptons parmi les partisans du bilan de la science et de ses applications plutôt que de ceux qui perpétuent les incantations sur ses bienfaits et les inéluctables progrès qu'elle engendre. Sur un plateau de la balance, une augmentation

1 Zugtiere 2 Aufklärung
3 Verbissenheit

considérable de l'espérance de vie occidentale, un niveau de vie confortable, atteint au XXe siècle par un quart de la population mondiale concentré dans l'hémisphère Nord, mais si peu pour les autres. Sur l'autre plateau, un état de la dégradation du monde – pollution, épuisement des ressources, dérèglements climatiques – unique dans l'histoire de l'homme, dans l'histoire de la vie, dans l'histoire de la Terre. Ce mode de vie, dont nous sommes si fiers, nous l'exportons, via la globalisation économique, avec la vision du monde qui lui est consubstantielle : se libérer des entraves naturelles, s'affranchir de l'environnement, accroître sans limites la consommation. En d'autres termes, raccourcir la distance qui nous sépare du point d'irréversibilité des dommages écologiques et humains.

Nous voudrions amorcer ici une critique de la pratique scientifique lorsqu'elle s'érige en nouvelle religion. Lorsqu'elle épaule les pouvoirs politiques et économiques. À quelle autorité morale se réfère un président de la République, un premier ministre, et tout le personnel politique, pour savoir si les OGM sont bons ou pas ? si le clonage est profitable ou pas ? l'énergie nucléaire durable ou pas ? si l'étendue de la pollution mérite une loi sur l'air, celle des nappes phréatiques une loi sur l'eau ou pas ? La Science ! La Science en son institution.

1) Fessel, Hindernis 2) s. befreien
3 einleiten, in Gang bringen 4 helfen
5 organismes génétiquement manipulés
6 Grundwasserspiegel

Aujourd'hui, nous vous livrons nos éléments d'analyse avec trois buts : souligner l'avancée des connaissances sur la biodiversité et les effets des pollutions ; réapprendre à penser et à vivre hors du dogme technoscientifique ; et que la société civile puisse débattre du contrôle et de la transparence de la science, de ses objectifs et de son utilisation. Pour marquer notre engagement envers la société, nous proposons aussi un serment éthique à l'usage des chercheurs en sciences de la vie.

Rareté cosmique, rareté géographique, mais aussi rareté temporelle de la vie pour en arriver à la civilisation humaine... L'homme a colonisé beaucoup de milieux différents, mais des endroits habitables. Si nous faisons un tant soit peu varier nos conditions climatiques ou géothermiques, la donne humaine change. Et si nous n'y prenons garde, nous perdrons la richesse et la beauté des conditions exceptionnelles qui sont celles de la vie terrestre.

I

LA VIE NE VA PAS DE SOI

« Dureté et rigidité sont compagnons de la mort.
Fragilité et souplesse sont compagnons de la vie. »

Lao Tseu, *Tao-tö king*

Jusqu'à nouvel ordre, nous sommes les seuls. Nous avons beau écouter l'Univers avec de grandes oreilles perfectionnées depuis des dizaines d'années... ça ne vient pas vite. Que savons-nous de la probabilité d'autres vies dans le cosmos ? Nous ne sommes sûrs de rien. Globalement, la vie est une chimie du carbone, du phosphore et de l'azote dans de l'eau, un mariage d'hydrogène et d'oxygène, avec en prime un peu de soufre. La vie ne pourrait exister si l'âge et la structure à grande échelle de l'Univers n'étaient pas tels qu'ils sont. Du moins tels que nous les décrit la science. Tout cela n'est pas le fruit d'une pensée philosophique, mais le résultat de calculs très complexes qui ont démontré qu'il a fallu du temps pour que se déploie l'Univers, pour que se condense la matière première en galaxies, pour que naissent les étoiles, régies par des cycles de vie et de mort, et qu'elles forment les principaux éléments constitutifs de notre vie. Ces éléments, fondamentaux dans la constitution de nos sucres, nos protéines, nos graisses, notre patrimoine génétique, ont été engendrés dans le cœur des étoiles, seules usines thermonucléaires capables de les synthétiser[1]. Mais pas n'importe quelles étoiles. Toutes ne produisent pas du carbone, par exemple. Il en a fallu une énorme diversité, et plusieurs générations, pour que naissent tous les éléments chimiques connus. Un Univers constitué seulement par une jeune galaxie serait stérile.

Considérant les milliards d'étoiles dans la galaxie et les milliards de galaxies dans l'Univers, il est raisonnable de penser que les conditions favorables à l'apparition de la vie sont réunies quelque part. Or, dans l'état actuel de nos connaissances, on estime que seules quelques régions de l'espace recèlent ces éléments en bonne proportion et en quantité suffisante. D'autre part, il faudrait que cette permanence d'éléments chimiques fondamentaux soit à la bonne distance d'un soleil, conditions probablement réunies des millions de fois dans l'Univers, pour trouver

1. Voir notamment l'ouvrage de Hubert Reeves, *Poussières d'étoiles*, Paris, Seuil, 1984.

de la vie. Jusque-là, tout va bien. La vie est le fruit d'une manifestation naturelle, un suintement,[1] une excrétion de l'Univers imaginé dans un mouvement de complexité croissante. La vie ailleurs sous une forme simple et connue, au moins bactérienne, est possible, c'est le principe d'anthropie faible. Principe qui énonce avant tout que l'Univers tel qu'on le décrit doit être compatible avec la vie en son sein.

Le principe anthropique fort est plus spéculatif. Il introduit un finalisme en suggérant que l'Univers se serait constitué de telle sorte que la vie y apparaisse. L'Univers actuel dépendrait de conditions initiales précises et des coïncidences si singulières du big bang, et notre humaine existence d'un « fin réglage » de paramètres littéralement exceptionnel. Celui-ci aurait permis la stabilité des atomes, leur association progressive et de plus en plus complexe, condition *sine qua non* de l'évolution de la vie et de la matière.

La science moderne a levé un coin du voile : l'Univers serait mû par quatre grandes forces toujours et partout respectées : les interactions nucléaires fortes, permettant la cohésion des noyaux des atomes ; les interactions nucléaires faibles, expliquant des phénomènes tels que la radioactivité ; les interactions électromagnétiques, expliquant la lumière ou la formation des molécules qui nous composent ; les interactions gravitationnelles permettant, par exemple, les mouvements des planètes autour des étoiles et la

1 Ausschwitzen (?)

pesanteur. Cette évolution passe notamment par la formation des atomes simples et lourds, mais aussi par des molécules de plus en plus complexes, jusqu'à ces longues chaînes à squelette de carbone, d'hydrogène, d'oxygène, d'azote et de phosphore qui font près de deux mètres pour l'ADN humain et qui portent le code subtil de la vie.

Non seulement l'Univers se serait développé en permettant l'apparition des éléments de la vie (selon le principe fort), mais des conditions particulières se seraient déployées, en plus du temps, pour rendre possibles les interrelations précises entre les cinq éléments chimiques prépondérants du jeu de la vie. En effet, si l'on change ne serait-ce que la dix-huitième décimale de la masse du proton, ou la quarantième du rapport de la force de gravité à la force électromagnétique, et plus généralement si on altère de la manière la plus infime les valeurs des constantes fondamentales, on découvre que l'émergence de cette complexité biochimique qu'on appelle la vie est impossible.

L'infini de l'Univers dopant les probabilités, nous avons quitté le XXe siècle sur l'idée d'une probabilité de vie en plusieurs galaxies. Nous devrions avancer dans ce XXIe siècle en méditant sur une découverte de Jacques Laskar[1] qui

1. Jacques Laskar, « La Lune et l'origine de l'homme », *Pour la Science*, dossier hors série : *Le Chaos*, 1995, p. 48-54. La Lune garde constant son angle d'axe de rotation par rapport au plan orbital de la Terre. Les autres planètes tellu-

bouleverse la perception des forces régissant notre système solaire : l'astronome a montré que l'orientation de l'axe de la Terre ne serait pas stable sans la présence de la Lune. Mieux, en empêchant la Terre de basculer sur son axe, la Lune est le garant de la relative uniformité à la fois des saisons et de leurs cycles séculaires. C'est grâce à cela que les écarts de température ne se comptent pas en centaines de degrés !

Dès la fin du premier milliard d'années après la formation de la Terre, des formes de vie simples sont apparues justement grâce à cette stabilité qu'avait acquise notre planète avec l'aide efficace de son satellite. Par sa masse et son mouvement, la Lune se révèle donc un stabilisateur dynamique du climat terrestre sur une très longue période. Sans elle, la Terre serait-elle jamais sortie de l'âge glaciaire, y aurait-il eu l'homme ? Les conditions d'apparition de la vie évoluée seraient donc encore infiniment plus rares que tout ce que l'on avait pu imaginer il y a quelques décennies.

Mais n'oublions pas que nous ne sommes aujourd'hui capables d'envisager celle-ci que dans des conditions qui nous sont familières. Et qu'ainsi nous contraignons les hypothèses de conditions propices...

---

riques de notre système solaire n'ont pas de satellites ou, comme Mars, ont des satellites de masse trop petite pour stabiliser la planète.

Les paramètres précités ne suffisent pas pour une probabilité d'apparition de la vie sur une planète, encore convient-il de les maintenir suffisamment longtemps, soit 4,5 milliards d'années dans le cas de la Terre, pour que, dans les huit derniers millions d'années, aient pu surgir et se développer différentes espèces d'hominidés et, enfin, *Homo sapiens sapiens* – des conditions totalement extraordinaires dans l'Univers.

Notre double extraterrestre, s'il existe, est certainement un être rare et lointain. Si des possibilités de vie se présentent ailleurs dans notre galaxie, il faut sans doute les chercher sur les exoplanètes, situées hors de notre système solaire. Il faut aussi prendre en compte les planètes et leurs atmosphères, l'évolution de la brillance de leur étoile, leur rotation autour d'elle – ni trop proche, ni trop lointaine –, pour que les bonnes conditions soient réunies, telles que l'eau sous forme liquide, le gaz carbonique en justes proportions... Il apparaît indispensable, d'une part, que l'orbite de la planète considérée soit elle-même dynamiquement stable, et, d'autre part, que son axe de rotation ne soit pas animé d'un mouvement chaotique. Or, une fois de plus, ces conditions sont *très* rares. Infiniment plus que ce que nous avions imaginé au siècle dernier. La liste des facteurs nécessaires et indispensables à notre vie, vie fragile au bout du compte, qui a mis des milliards d'années à s'établir, comme celle des vertébrés ou des plantes à fleurs, défie donc le hasard.

Et si nous faisons défiler l'histoire de la Terre pour en déduire des probabilités, peut-être devrions-nous aussi nous pencher sur le rôle de cette découverte : la Lune fait bien plus que tourner au-dessus de nos têtes, sur elle-même et autour de notre globe. Elle se balance, elle vibre en tournant ! Les spécialistes ont même inventé un mot pour cette danse qui semble inspirée par les derviches : la « libration ». Mais à quoi servent ces librations au mouvement alternatif ? Nous ne le savons pas encore...

En résumé, il ne suffit plus d'être à une certaine distance d'un soleil pour que la vie se développe, il importe aussi que soient réunis des paramètres de densité, de taille et de forme de la planète qui sont rarissimes. Cerise sur la galaxie, il faut en plus une stabilité d'orbite qui n'existe dans le cas de la Terre que sous l'influence d'au moins deux facteurs : son satellite, la Lune, et les mouvements des autres planètes du système solaire. Ce sont eux qui nous préservent de la répétition fréquente des grands cataclysmes qui décapiteraient régulièrement toute évolution de vie élaborée. Si, fort de ces nouveaux paramètres, on examine les probabilités d'existence d'une planète qui aurait la masse de la Terre, avec un mouvement pas trop chaotique et un satellite à orbite régulière, dans un système planétaire qui s'autostabilise... on tombe alors dans l'ordre de l'infime. La vie devient l'exception. Sommes-nous seuls dans l'Univers ? Une complexification de la vie jusqu'à l'apparition de mammifères, puis d'êtres tels qu'Orrorin, Toumaï, ou Lucy, relève bien d'une probabilité infime.

Encore est-il possible que ce que nous prenons pour des constantes de l'Univers soit en fait des variables à déviation lente : la gravité telle qu'on la connaît, par exemple, pourrait n'être qu'un fait temporaire dans l'histoire cosmique. Si cette hypothèse s'avérait, nous serions dans une zone de stabilité particulière des paramètres de l'Univers qui existerait depuis plus de 4 milliards d'années, soit *grosso modo* le tiers de l'âge de l'Univers, mais qui ne durera pas forcément éternellement. Et si les conditions générales de l'émergence d'une vie complexifiée se trouvent réunies ailleurs que sur la Terre, le seront-elles assez longtemps ? On ne peut pas non plus écarter l'idée que l'Univers puisse un jour se recompresser pour exploser à nouveau...

Probabilité infime, dont l'homme est le fleuron pensant, le processus de la vie s'amorça sur terre par des êtres unicellulaires, des bactéries, dans le plus simple des appareils biologiques. Si nous respirons aujourd'hui, c'est grâce à ces bactéries chlorophylliennes qui pendant 3 milliards d'années ont pollué la Terre en rejetant de l'oxygène dans l'atmosphère comme un vulgaire excrément ! Beaucoup en sont d'abord mortes, intoxiquées par ce gaz qui nous est indispensable. Mais quelques-unes se sont adaptées, multipliées, complexifiées, et se sont faites algues, plantes [1]... La complexification est une constante de l'évolution des espèces. Avant elles, les premières bactéries qui sont apparues sur terre étaient hétérotrophes : elles savaient se nourrir du peu qui existait. Puis vinrent les bactéries vert bleuâtre, ou bleues, autotrophes, photosynthétiques, qui surent, et savent toujours, générer la substance vivante, organique, à partir de l'énergie solaire, avec des réactions infiniment complexes qu'on n'a d'ailleurs pas fini de comprendre. Tout ce que font les plantes se résume à assembler de l'eau et du gaz carbonique grâce à l'énergie solaire pour en faire du sucre et de l'oxygène.

Ensuite « s'inventèrent » sur le terreau des premiers pas de la vie les cellules complexes, à partir d'une symbiose, c'est-à-dire d'une association l'une dans l'autre de deux cellules simples, qui allaient pouvoir survivre à l'oxydation brûlante de l'oxygène, déchet de leur métabolisme, mais aussi se mettre à l'assimiler, à l'utiliser directement, comme source de vie ! En faire leur nourriture, le transformer en énergie en le brûlant, en le consumant : c'est ainsi que se produit la respiration au cœur de la matière vivante. Puis ces cellules

1. Cf. Christian de Duve, *Poussière de vie*, Paris, Fayard, 1995.

devenues sophistiquées se sont petit à petit associées les unes aux autres pour former des colonies, des tissus, des organes, des organismes, des sociétés, jusqu'à l'apparition d'un pilier animal, adepte de la respiration, mais incapable de réaliser la photosynthèse. Des invertébrés, des mollusques, des organismes de plus en plus élaborés au niveau de la réception des messages, puis de leur diffusion entre les cellules, puis de leur interaction possible avec le monde et l'organisation de sociétés, telles les fourmis, les abeilles. Des êtres de plus en plus spécialisés, sensibles à leur environnement, communicants et dépendants. Des vivants capables de transformer l'environnement pour l'adapter à leurs besoins, tels les castors ou les oiseaux dans leurs nids. Avec des systèmes pour recevoir et transmuter l'énergie chimique en énergie électrique, nerveuse ; émettre de la lumière phosphorescente telles les lucioles ; de l'énergie chimique comme tous les êtres vivants ; pour intégrer et utiliser toutes formes de messages. La Terre se peupla ainsi d'êtres de plus en plus élaborés et de plus en plus diversifiés, dans les rangs desquels des accidents géologiques et climatiques vinrent opérer des coupes sombres.

On estime en effet que la biodiversité actuelle représente tout au plus 1 % de toutes les espèces qui ont vécu dans le passé. Autrement dit, depuis l'apparition de la vie, 99 % des espèces environ se seraient éteintes. Cela peut-il s'expliquer par la seule durée de vie moyenne d'une espèce, évaluée à environ 5 millions d'années ? Non, cette disparition n'a pas été linéaire et progressive ; elle n'a pas seulement résulté d'un mécanisme continu de l'évolution et de la sélection naturelle, selon lequel une espèce mieux adaptée viendrait en remplacer une autre : elle a essentiellement procédé par soubresauts.

Notre planète a connu cinq grandes extinctions des espèces, probablement causées par de grands cataclysmes sporadiques entraînant de violents bouleversements climatiques et physiques, et dont chacune a éliminé la plupart des espèces vivantes formant la biodiversité – cinq coups de pied dans la fourmilière de l'évolution... Les paléontologues les recensent ainsi au fil des 600 derniers millions d'années.

La première extinction remonterait à l'ordovicien, il y a environ 440 millions d'années, quand la vie n'avait pas encore gagné la terre ferme. On pense que 60 % des espèces animales et végétales auraient alors disparu. La deuxième, au dévonien, voilà 367 millions d'années, aurait également touché 60 % des espèces. La troisième et la plus spectaculaire des extinctions, appelée « la grande mort », a eu lieu à la fin du permien (- 252 millions d'années) et aurait décimé plus de 90 % des espèces vivantes sur terre et dans les océans. Sur les 20 millions d'espèces alors existantes, seulement 2 millions d'entre elles auraient survécu.

Cette extinction massive se serait déroulée progressivement sur une période de 10 millions d'années, suivie d'une très forte accélération pendant 5 millions d'années. Il y a 280 millions d'années, à la fin du trias, lors de la quatrième extinction, 20 % des espèces auraient été décimées, la plupart des espèces marines et les derniers des grands amphibiens. La cinquième extinction, à la fin du crétacé (- 65 millions d'années), emporte les dinosaures et avec eux les deux tiers des espèces terrestres et presque tous les habitants des fonds marins, laissant ainsi le champ libre aux mammifères puis aux hommes – dont on a tendance à croire qu'ils sont les plus évolués, entre autres parce que parmi les derniers en date...

Bien sûr, tous ces chiffres sont à prendre avec beaucoup de précautions (ils résultent d'approximations statistiques d'observations géologiques qui demeurent incomplètes) et soulèvent de nombreux débats. Tout comme les causes de ces cinq grandes extinctions, qui demeurent de grandes énigmes de l'évolution. Plusieurs hypothèses ont été avancées : chutes de comètes ou pluie d'astéroïdes, éruptions volcaniques liées à ces chocs ou périodes de volcanisme intense, dérive des continents, montée ou baisse du niveau des mers, ou bien encore combinaisons de ces différents facteurs ?... Toutes ces explications suscitent toujours de vives polémiques au sein de la communauté scientifique.

Pour l'extinction de la fin du crétacé, l'idée généralement retenue est celle d'un impact cosmique soudain, et peut-être même multiple : chute d'un gros astéroïde (un morceau de planète de vingt kilomètres de diamètre ?) dont les traces sont encore visibles dans la péninsule du Yucatán, au Mexique. L'énergie libérée lors de l'impact (cinq milliards de fois celle de la bombe d'Hiroshima) aurait fait augmenter localement la température de 10 000 ou 20 000 °C et entraîné des phénomènes de fusion des roches, de vaporisation, d'incendies et de secousses sismiques gigantesques, touchant un rayon de plusieurs milliers de kilomètres et provoquant une dévastation totale.

Ces phénomènes auraient été suivis d'une sorte d'hiver nucléaire : les nuages immenses de cendres, de soufre et de poussières créés par les incendies couvrent la planète, empêchent les rayons du soleil de passer et interrompent les processus de photosynthèse. Un froid glacial s'étend.

Pour d'autres, cette extinction pourrait être expliquée par un réchauffement atmosphérique résultant d'éruptions volcaniques exceptionnelles couvrant une période de 500 000 ans : les remontées magmatiques émettent en effet des quantités considérables de gaz carbonique et sulfureux qui favorisent l'effet de serre, diminuent la présence d'oxygène dans l'atmosphère, entraînent des pluies acides et des changements climatiques dramatiques.

Mais un seul de ces cataclysmes peut-il être la cause unique d'une extinction de masse ? Comment en être certain ? Une certaine prudence est requise, et sans doute les causes ont-elles été diverses et conjuguées.

Les processus évolutifs se poursuivent par-delà les grands accidents que sont les périodes d'extinction. La vie a toujours repris ses droits, l'évolution continue. Il y a en permanence un mouvement simultané de simplification et de complexification.

En témoigne aussi ce que l'on observe aujourd'hui au cœur des gènes : en permanence, et avec lenteur, des gènes créent d'autres gènes – qui recopient des messages à partir desquels ils recréent des gènes. Ce mouvement n'a pas toujours le même rythme, il varie suivant le stress et peut conduire à la simplification ou à la détérioration du vivant. Le stress est une réaction à un changement plus ou moins brutal du milieu de vie. Son intensité modifie l'évolution en modifiant l'écosystème, et peut aboutir à une complexification ou, c'est souvent le cas, à une détérioration ou une extinction du vivant. Cela est visible quand on introduit un nouveau composé chimique dans une « soupe » de bactéries ayant épuisé ses ressources : la plupart meurent, et quelques-unes s'adaptent avec des gènes mutés ou amplifiés. Nous, nous vivons d'air oxygéné et ne savons pas nous nourrir de lumière, d'eau et de minéraux. Nous ne savons utiliser que la matière organique toute faite, que nous assimilons par le biais de végétaux ou d'animaux qui en sont constitués. Cette infirmité nous rend les plantes indispensables. Il n'y a pas d'autre qualificatif. Indispensables, car ce sont les seuls êtres capables de photosynthèse, réaction essentielle de la vie.

Les plantes, nous l'avons dit, puisent dans le rayonnement solaire l'énergie nécessaire à la construction de leurs tissus, à partir de l'eau absorbée par leurs racines et du gaz carbonique de l'air, dont elles fixent le carbone transporté par le vent et rejettent l'oxygène dans l'atmosphère. Sans plantes, il n'y aurait pas de vie sur la Terre. Sans elles pas d'air respirable, pas de nourriture, ni de céréales, de fruits, de légumes ou de viandes – car les animaux d'élevage se nourrissent de plantes. Même les carnassiers sauvages dépendent des herbivores, donc des végétaux : c'est ainsi que toute chair provient d'abord de l'herbe ou de l'algue.

On estime que les végétaux de toute la planète produisent annuellement 80 milliards de tonnes[1] de matière végétale consommée directement ou indirectement par la quasi-totalité des autres êtres vivants. Si les plantes venaient à disparaître, c'en

1. Source : *Larousse agricole*, sous la direction de Marcel Mazoyer, 2002.

serait fini de la vie. Ce péril, il est vrai, n'est sans doute pas pour demain. Nous risquons même de partir avant les plantes, qui vivraient sans nous, alors que nous ne pouvons vivre sans elles. Ainsi la place des plantes nous assigne la nôtre : nous, humains, ne sommes finalement que des parasites des plantes. Une telle évidence devrait nous inviter à la sagesse...

On comprend donc aisément que nos sociétés ne résisteraient pas à de grands bouleversements naturels. Plus elles sont organisées, plus elles sont complexifiées, plus elles sont fragiles. Et le progrès technique n'y peut rien changer. Au contraire, il a augmenté non seulement notre dépendance énergétique mais aussi notre dépendance au travail effectué par les machines, à la technologie qui sous-tend toutes les activités ordinaires. Nous avons, au fil des siècles, accru considérablement notre dépendance aux autres. Le progrès technique ligote donc autant et peut-être plus qu'il ne libère, et la société s'en trouve fragilisée alors qu'elle s'imagine plus protectrice et mieux protégée.

L'évolution et la spéciation des espèces forment un édifice extrêmement compliqué. Or nous sommes en train d'en ôter les briques les unes après les autres en ignorant les conséquences de ce démontage à l'aveuglette, qui brise un à un les liens unissant la chaîne des êtres vivants. À un moment donné, la bâtisse ne peut que s'écrouler. Nous ignorons ce moment car nous ne sommes pas les architectes compétents. Mais nous avons créé les conditions de l'irréversibilité et nous sommes les seuls à pouvoir prendre la bonne décision. Nous sommes l'espèce qui a le plus d'impact sur la biosphère et celle aussi qui en a conscience. Néanmoins, nous sommes une des espèces les plus vulnérables. La vie sur terre offre une image d'abondance : elle prolifère, se joue des extinctions, se complexifie. Elle triomphe. Certes oui, mais tout cela sur une mince pellicule qui entoure notre planète dont le cœur est en feu. Quand on creuse à trente mètres de profondeur sous terre, il n'y a plus – ou quasiment plus – de vie. Et nos cieux n'ont que quelques kilomètres d'épaisseur. Notre biosphère est extrêmement mince comparée aux douze mille kilomètres de diamètre de la Terre. Nous vivons à la surface de celle-ci, où la vie donne l'illusion d'être partout. Alors qu'elle n'est qu'un point infime dans le vaste Univers.

II

PAS DE JE SANS TOI

« Rien n'est immortel, ni la nature, ni l'homme ; le seul événement permanent, c'est le changement. »

Arthur Schopenhauer

L'Univers connu semble un quasi-désert : vides intergalactiques, planètes sans vie, atmosphères invivables. Nous vivons sur la seule oasis connue à ce jour : la Terre. Sur notre planète, la vie foisonne, étonne, scintille de mille formes, éblouit par mille ingéniosités, et les écosystèmes évoluent constamment. Du haut de leurs trois cents petits ans, soit rien à l'échelle des temps géologiques, un chêne, un cèdre ou un tilleul ont vu des milliers d'espèces s'éteindre sur la planète. Encore ne s'agit-il que des espèces recensées par les scientifiques, car nous savons qu'il en existe beaucoup d'autres qui n'ont pas été identifiées. Nous sommes dans l'inconnu pour 95 % des populations de micro-organismes, celles du sol notamment.

Pourtant nous ne pouvons vivre sans, et ce pour plusieurs raisons : les micro-organismes sont indispensables aux plantes, dont ils aident les racines à puiser leurs nutriments dans le sol ; ils participent à la digestion ; certains d'entre eux fournissent une grande quantité de l'oxygène atmosphérique, notamment les algues bleues, ou cyanobactéries ; d'autres sont à l'origine de la fabrication de nombreux aliments ; d'autres encore sont la source de remèdes à nos maladies – ils sécrètent naturellement des substances antibiotiques, leur permettant de se défendre ou d'attaquer les autres micro-organismes.

On retrouve encore des micro-organismes dans les processus de digestion de la cellulose (élément essentiel des plantes), chez les animaux, ou dans la décomposition de l'alimentation chez les omnivores. Enfin, pas de recyclage sans micro-organismes. Exemple : ils nettoient l'eau rapidement dans une station d'épuration, en détruisant tous les polluants organiques. Si une pollution venait à tuer tous les micro-organismes et tous les petits crustacés qui digèrent nos déchets, nous mourrions submergés sous l'urine et les fèces.

Craig Venter, le généticien américain qui le premier décoda le génome d'un organisme entier (la bactérie *Haemophilus influenzae*, responsable d'infections du nez et des oreilles) et voulut séquencer le génome humain pour le compte de la recherche privée, en l'occurrence celui de sa propre société, Celera Genomics, a ensuite sondé les océans à bord d'un voilier. Les premiers résultats de ses recherches ont montré la richesse insoupçonnée des milieux marins : il a identifié plus d'un million de nouveaux gènes, dont huit cents liés à des photorécepteurs (permettant aux micro-organismes de capter la lumière, leur source d'énergie), rien que dans une zone de la mer des Sargasses. La grande majorité de ces gènes sont uniques : 10 % d'entre eux seulement se retrouvent sur plusieurs des sites sous-marins prospectés par Venter. Cette biodiversité gigantesque nourrit l'espoir de nouvelles découvertes biologiques et témoigne de la modestie de nos connaissances. Les gènes océaniques nous renvoient à la diversité gigantesque de la biologie planétaire.

La biodiversité terrestre, agressée par le dérèglement climatique et les pollutions, nous confronte depuis cinquante ans à d'importantes questions : À quoi servent les espèces ? Que signifie perdre une espèce ? Toutes ont-elles une importance égale pour les performances, donc le fonctionnement et la santé de l'écosystème dans lequel elles vivent ? Y a-t-il un seuil de biodiversité en dessous duquel un écosystème n'est plus capable de préserver son équilibre ?

Au sein de la communauté scientifique, les connaissances à ce sujet sont encore fragmentaires, et la plupart de ces questions demeurent ouvertes. Il y a néanmoins accord sur quelques points, notamment quant au lien positif entre la biodiversité et la stabilité de l'écosystème. Ce lien, également connu sous le nom d'« hypothèse de l'assurance biologique[1] », nous dit que l'écosystème s'adapterait d'autant mieux aux perturbations et aux évolutions de son environnement que sa richesse spécifique, à savoir le nombre d'espèces présentes, serait plus important.

On connaît l'exemple des prairies nord-américaines[2] : en cas de sécheresse, la productivité primaire (ou quantité de matière produite par l'ensemble des végétaux) se maintient bien mieux dans les massifs diversifiés que dans les massifs pauvres en espèces. L'explication en est simple : toutes les espèces ne répondant pas de la même manière aux changements, la richesse d'un écosystème garantit une certaine capacité d'adaptation à l'évolution des conditions, donc une meilleure stabilité de son fonctionnement. Plus nombreuses sont les espèces, plus importantes

1. S. Yachi et M. Loreau, « Biodiversity and ecosystem productivity in a fluctuating environment : the insurance hypothesis », *Proceedings of the National Academy of Sciences*, n° 96, 1999, p. 1463-1468.

2. D. Tilman et J. A. Downing, « Biodiversity and stability in grasslands », *Nature*, n° 367, 1994, p. 363-365.

sont les chances d'en avoir qui aient une grande plasticité évolutive.

Deuxième point : le lien positif entre la richesse spécifique et la performance de l'écosystème. Dans ces mêmes prairies nord-américaines, des expériences[1] ayant fait varier au hasard un lot de graines de trente-deux espèces herbacées différentes ont montré que le développement de la végétation augmentait rapidement en fonction du nombre d'espèces présentes, augmentation qui tend à se stabiliser au-delà d'une douzaine d'espèces. Seule une partie de la biodiversité serait donc utile à la productivité ? En fait, il semblerait que celle-ci dépende davantage du nombre d'espèces qui assurent les mêmes fonctions que du nombre total d'espèces. Ces espèces dites « redondantes », même si chacune d'elles introduit des nuances dans sa manière de relayer une même fonction, assurent à l'écosystème sa stabilité et jouent un rôle tampon essentiel. Sans cette redondance, il suffirait qu'une seule espèce disparaisse pour mettre en péril tout l'écosystème.

Ainsi, la biodiversité a un impact positif sur le fonctionnement de l'écosystème, mais il n'est pas prouvé que la stabilité de celui-ci en dépende uniquement. La biodiversité très faible des

1. D. Tillman, D. Wedin et J. Knops, « Productivity and sustainability influenced by biodiversity in grassland ecosystems », *Nature*, n° 379, 1996.

savanes ou des mangroves, par exemple, ne les empêche pas d'être des écosystèmes très productifs et très anciens. Comment comprendre cet apparent paradoxe ? Nous ne savons pas encore si notre niveau d'observation est trop partiel ou si la diversité génétique des espèces présentes (certains végétaux, tel le maïs, possèdent une centaine de milliers de gènes) peut compenser une biodiversité réduite par une grande capacité adaptative.

Sur l'évolution des espèces et les facultés d'adaptation qu'elle requiert, voici deux anecdotes personnelles.

Le premier exemple touche à la pharmacognosie[1], ou connaissance des plantes médicinales. Au début de sa carrière, dans les années 1964-67, Jean-Marie Pelt a réalisé, avec un collègue, l'inventaire des ressources en plantes médicinales de l'Afghanistan. Ils avaient noté l'abondance de jusquiames et de daturas : ces solanacées ont les propriétés de la belladone, en particulier la possibilité d'élaborer de l'atropine, un poison redoutable mais aussi un médicament de premier plan (en ophtalmologie, pour dilater la pupille, par

1. Terme anglo-saxon pour désigner ce que l'on appelait autrefois matière médicale, du nom du livre *De materia medica* écrit par Dioscoride, médecin grec du Ier siècle, au service des armées romaines. La pharmacognosie enseignée dans les facultés de pharmacie étudie les plantes utilisées en thérapeutique.

exemple). Parmi les nombreuses espèces de jusquiames rapportées d'Afghanistan, l'une d'elles – la jusquiame réticulée – n'en fournissait pas. Dans un tel cas, on cherche à savoir pourquoi, en recherchant les précurseurs de cette molécule. La plante en possédait. Elle savait donc élaborer les matériaux nécessaires à la production d'atropine mais ne savait pas, ou ne savait plus, les assembler. Sur cet inachèvement d'un processus naturel demeuré jusqu'alors sans explication, la biogenèse apporte une réponse : il manque une enzyme à la jusquiame pour lui permettre de mettre bout à bout les deux morceaux de l'alcaloïde qu'est l'atropine. Une réponse loin de la pensée botanique de l'époque, fondée sur le constat des faits et des choses – on identifiait telle substance active, mais on ne cherchait pas plus loin ; on ne s'intéressait pas aux enzymes qui élaborent les alcaloïdes, car les enzymes ne relèvent pas de la botanique mais de la biochimie. Depuis, il a été montré qu'une économie de métabolisme, due à l'extinction d'un gène, pouvait permettre l'adaptation à des conditions difficiles.

Le second exemple, en écologie végétale, se situe aussi en Afghanistan. De travaux précédents sur les terrains salés de Lorraine, Jean-Marie Pelt avait déduit l'existence d'une correspondance très précise entre les conditions écologiques et les espèces présentes. Mais voilà que sur les terrains salés afghans, où ne pousse qu'une flore spécialisée adaptée à la forte salure du sol, il découvre une normalement très répandue sur les terrains non salés, l'herbe à chameau. À y regarder de près, cette plante courante sur l'ensemble des aires géographiques afghanes est là, en milieu salé, un peu plus charnue, un peu plus succulente, c'est-à-dire plus épaisse, plus grasse. Cette herbe à chameau, *Alhagi camelorum*, est une plante raide et piquante. Bien qu'omniprésente dans le pays, elle s'accommode des terrains salés, parvenant même à percer la croûte de sel qui couvre la surface du sol. Quelle surprise pour le botaniste de constater que la même espèce était capable d'avoir une amplitude écologique aussi large !

La biologie moléculaire permet de comprendre que l'adaptation au milieu relève d'un potentiel génétique suffisamment ouvert pour couvrir des milieux très différents. L'herbe à chameau a un patrimoine génétique étendu au point qu'il lui permet de vivre dans les terrains salés. Un héritage millénaire, qui s'exprime selon les biotopes.

Ainsi, dans un milieu donné, les espèces évoluent pour s'adapter aux conditions et aux changements qui surviennent. Mais elles doivent s'adapter aussi aux autres êtres vivants. Compétition, parasitisme, mutualisme, symbiose, la nature pianote la gamme complète des possibilités de relation entre les êtres. La biodiversité est une extraordinaire mosaïque de plantes, d'animaux, de bactéries qui se partagent ou se disputent des territoires, qui échangent des gènes, et peuvent aussi se nourrir du voisin. Chaque individu, chaque espèce utilise ses stratégies d'alimentation, de séduction, de reproduction, d'habitat, et le moindre changement brutal de lumière, de température, d'humidité entraîne des répercussions sur tout l'écosystème.

En milieu marin, l'aménagement du littoral, la pollution des rivières, les méthodes de pêche, les gravières, etc., sont les premières causes de diminution de la biodiversité. Ainsi la disparition d'une espèce comme celle des posidonies, une plante marine vivant submergée, entraînerait celle de cinq cents autres espèces qui dépendent d'elle, car elle constitue leur habitat.

Si les conditions de croissance d'une plante changent, elle pourra ne pas fleurir, et le papillon qui se nourrit du nectar de sa fleur mourra alors sans se reproduire et sans polliniser d'autres plantes. On court le même danger de rupture de la chaîne de complémentarité avec les pesticides qui ravagent les colonies d'abeilles (nous y reviendrons dans le prochain chapitre). Par contre, si les changements du milieu sont lents, la plante va se modifier à leur rythme et son hôte butineur évoluer conjointement : si la corolle de la fleur est de plus en plus profonde, la trompe du papillon s'allongera au fil des générations. Ce mécanisme d'évolution conjointe, de coévolution, suit presque le métronome du temps géologique, infiniment lent. C'est la raison pour laquelle les brusques et grands accidents climatiques et géologiques provoquent de gigantesques extinctions d'espèces.

Seule, aucune espèce ne peut survivre, pas même en laboratoire, pas même en éprouvette, sauf pour un temps extrêmement limité. On est incapable de faire survivre un être sans un échange avec les autres espèces : dans le domaine scientifique, le mot symbiose – du grec *sumbioûn*, « vivre ensemble » – est porteur étymologiquement de deux qualités, la solidarité et la complémentarité. La complémentarité et la coordination permettent de cohabiter dans un même écosystème, d'évoluer ensemble.

De multiples observations scientifiques montrent que ce type de relations entre espèces produit des effets décisifs. Les chercheurs s'accordent sur ce point : la nature et l'intensité des interactions entre espèces ont un impact fort sur le maintien et les performances d'un écosystème. Ainsi, dans les prairies, les mammifères herbivores abîment les plantes, mais s'ils ne sont pas trop nombreux, en réduisant la hauteur du tapis végétal ils facilitent aussi la pénétration de la lumière, donc la photosynthèse. Près de 70 % des arbres de la forêt atlantique du Brésil ont vu leurs semences disséminées par les vertébrés, pour la plupart des oiseaux et des mammifères[1]. Que de grands vertébrés soient éliminés, et le mouvement de semences de certaines espèces forestières s'en trouvera aussitôt perturbé : certaines seront remplacées par d'autres, aux rôles peut-être moins utiles, entraînant ainsi des modifications importantes de l'écosystème.

On connaît depuis longtemps la symbiose qui existe entre deux espèces qui vivent en étroite relation et échangent des services mutuels, mais l'on a découvert récemment des phénomènes de symbiose au niveau moléculaire, au moment où l'on souligne l'importance de l'écologie à l'échelle du globe. On s'est aperçu en effet que la loi de complémentarité, moteur de l'évolution d'un écosystème, se vérifie dans l'intimité de la cellule. Chacune de nos cellules possède de petits organismes – autrefois différents d'elle – qu'elle a intégrés progressivement, en symbiose. Ce sont les mitochondries, autrement dit les usines respiratoires de la cellule, qui nous permettent de vivre en respirant de l'oxygène. On pense que ce sont d'anciennes bactéries car leur code génétique est plus proche de celles-ci que de notre propre patrimoine génétique.

1. J. M. Cardoso da Silva et M. Tabarelli, « Tree species impoverishment and the future flora of the Atlantic forest of north east Brazil », *Nature*, n° 404, 2000, p. 72-75.

L'embryon constitue à lui seul l'un des plus beaux exemples de complémentarité et de coordination des cellules. Il n'y a pas de compétition déterminante entre les cellules du foie, les cellules nerveuses, les cellules digestives ou musculaires, elles se différencient les unes des autres et s'assemblent ; mieux, elles coopèrent. Grâce aux expériences sur le clonage, on sait aujourd'hui que le patrimoine génétique de chaque cellule embryonnaire ne suffit pas à la construction de l'embryon. S'il y suffisait, nous pourrions à partir d'un œuf cloné élaborer tous les tissus humains spontanément. Or nous n'y parvenons pas. Ce n'est possible qu'en recréant les messagers chimiques en provenance des autres cellules. Autrement dit, une cellule ne va se spécialiser – en muscle, en nerf, en organe – et devenir elle-même qu'à la condition de communiquer avec les autres, de recevoir et de transmettre des informations.

En comparaison des cellules animales ou humaines, la cellule végétale est encore mieux lotie en micro-organismes coopératifs : outre les précieuses mitochondries pour respirer, elle contient des chloroplastes qui assurent la photosynthèse. Ils combinent le gaz carbonique de l'air et l'eau puisée dans le sol pour en faire de la matière première végétale, en libérant de l'oxygène, lequel est nécessaire à la respiration des mitochondries. Les deux types de micro-organismes sont en étroite interdépendance. Les cellules animales peuvent respirer mais pas créer de l'oxygène. Elles respirent celui fourni par les plantes. Beaucoup d'entre nous ignorent que nous vivons quasiment en symbiose avec les plantes !

Même des micro-organismes comme les extrêmophiles [1], qui s'épanouissent dans les lieux les plus inhospitaliers (où prédomine la vie microbienne et où diminue la diversité du vivant), ne peuvent survivre de manière autonome, dans un quasi-isolement, sans recourir à l'interdépendance habituelle des espèces. Diverses expériences [2] sembleraient le prouver.

Richard Hoover, célèbre exobiologiste de la NASA, et sa collègue Elena Pikuta, de l'université

1. C'est dans les années 50 qu'on découvrit ces étranges champions de la suradaptation, dans un milieu qu'on croyait totalement dépourvu de vie, au cœur de la mer Morte, constituée à 28 % de sel. D'une diversité stupéfiante (archées, bactéries ou métazoaires), les extrêmophiles présentent une vaste gamme de métabolismes qui leur permettent de s'adapter à des conditions extrêmes en utilisant des composés chimiques habituellement nocifs pour la plupart des eucaryotes.

2. R. Hoover et E. Pikuta, « The discovery of *Spirochaeta Americana* », « *Spirochaeta Americana sp. Nov.*, a new haloalkaliphilic, obligately anaerobic spirochaeta isolated from soda Mono Lake in California », et aussi « *Desulfonatronum thiodismutans*, a novel alkaliphilic, sulfate-reducing bacterium capable of lithoautotrophic growth », *International Journal of Systematic and Evolutionary Microbiology*, n 53, 2003.

d'Alabama, à Huntsville, ont cherché des réponses à ces questions en étudiant les formes de vie présentes dans le lac Mono, en Californie, dès l'an 2000. Situé au cœur d'un désert dépourvu de vie, ce lac est un bassin volcanique aux eaux toxiques. Au milieu émerge une île couverte de cendres, où jaillissent des sources chaudes. Dans cet univers hostile vivent pourtant des crevettes et divers micro-organismes, notamment différents types de bactéries : *Tindalla californiensis*, *Spirochaeta americana* et *Desulfonatronum thiodismutans*, des extrêmophiles profondément enfouis dans la boue compacte du fond du lac.

Hoover et Pikuta ont rapidement compris que ces trois bactéries formaient un ensemble cohérent de formes de vie interdépendantes : *D. thiodismutans* n'a nul besoin de lumière ni de composés organiques pour se développer ; elle tire son énergie de l'hydrogène et de composés inorganiques tels que les composés soufrés qu'elle puise dans les minéraux présents dans la boue du lac, boue dépourvue d'oxygène, trois fois plus salée que l'océan et présentant une causticité proche de la soude ! Elle crée en retour des sucres et d'autres matériaux organiques que *T. californiensis* ingère avant de produire à son tour des composés organiques complexes comme les sucres, graisses, protéines... que *S. americana* assimile pour sécréter de l'hydrogène et d'autres gaz... Puis, lorsqu'elle meurt, elle restitue les minéraux qui la composent, et la boucle est bouclée. Ce cycle n'a pas besoin de l'énergie solaire puisque la photosynthèse est ici remplacée par l'énergie des réactions chimiques !

Des relations d'interdépendance similaires se retrouvent dans la biosphère : les plantes dégagent de l'oxygène que les animaux respirent. Qui plus est, elles absorbent le gaz carbonique que nous expirons pour en faire du sucre, la matière première végétale qui constitue leurs tissus. À leur tour, les animaux se nourrissent des plantes.

À observer la vie à ses niveaux les plus intimes mais aussi les plus globaux, on s'aperçoit donc que la complémentarité en est le moteur principal et qu'elle demeure un gage d'équilibre pour l'écosystème. Solidarité et sélection sont au cœur du fonctionnement de l'évolution des espèces, ce sont le yin et le yang de la vie. Par suite, ne tenir compte que d'un facteur serait commettre une erreur grave d'interprétation des mécanismes du vivant – ce que font certains néodarwiniens en ne retenant que le principe de compétition entre individus et entre espèces.

Ainsi, dans un écosystème en développement normal (où le stress provoqué par les autres ne fait pas de chaque instant une souffrance), où l'espace est suffisant, la complémentarité joue davantage que la sélection. Mais si la communauté se développe dans un espace fermé (en langage scientifique, une niche écologique saturée) et que la nourriture ou quelque source de vie vienne à manquer, ce sera le contraire.

Ce principe de complémentarité joue à tous les niveaux du vivant et participe pleinement de l'équilibre écologique. Ainsi, le sort des animaux sauvages est aussi lié à celui des forêts. La World Wild Foundation (WWF) et la Banque mondiale affirment que la destruction des forêts met à mal les équilibres écologiques et sociaux du monde entier. La réintroduction d'animaux sauvages dans les forêts des sociétés occidentales devient ainsi un symbole de la prise de conscience de l'importance de la forêt, un signal du changement de notre comportement à l'égard de la nature. Mais cela justifie-t-il qu'on s'attache à préserver certains animaux sauvages ?

Au cours d'un dîner en ville, lâchez le nom de « loup », ce mammifère carnivore en voie de disparition, et vous êtes assuré d'une discussion animée entre pro- et anti-loups, digne des meilleurs repas de communion des années 50, quand les oncles, communistes, radicaux ou gaullistes, confrontaient virilement leurs points de vue au dessert. Si vous voulez remettre une deuxième tournée de passions verbales, ajoutez l'ours. Effet garanti. Le loup, l'ours, pour qui, pour quoi ? Le berger, on le comprend, n'a aucune envie de voir ses agneaux servir de pitance au loup. Il se passe aussi de la surprise d'un nez à nez avec un plantigrade. Il aura pour réflexe de prendre son fusil pour devenir le prédateur du prédateur. Si l'on décide d'acquérir ou de restaurer un espace naturel sauvage, avec toutes les bonnes raisons de le vouloir et les conséquences que cela implique – augmenter la biodiversité, réintégrer un prédateur des petits mammifères qui prolifèrent et propagent des maladies justement parce qu'il n'y a plus de loup, retrouver la beauté du site –, alors il faut dire clairement que la montagne n'appartient pas aux seuls bergers. Cela ne change rien à leur droit de pâture, mais il incombe à la société de réorganiser le partage entre montagne agricole et montagne considérée comme un espace naturel à sauvegarder. C'est à la société de préserver la viabilité économique du pastoralisme. Si l'on décide de réaliser un espace touristique, c'est encore à la société de maîtriser les effets possibles d'une réintroduction du loup ou de l'ours sur la sécurité des personnes et des animaux d'élevage. Cela implique le découpage de zones, le financement de clôtures, de gardes de la nature pour surveiller les loups et les ours, qui n'ont guère l'habitude de lire les panneaux d'interdiction de circuler.

Mais cela sert à quoi, un loup ? est-on en droit de se demander. On l'a dit, au sein d'un écosystème montagneux, cela équivaut à rétablir un prédateur dans ses fonctions. C'est déjà essentiel si on raisonne en termes de préservation d'espace sauvage. Depuis 2003, des chercheurs de l'Oregon ont montré que la réintroduction de cet animal dans le parc national de Yellowstone, aux États-Unis, avait permis de recouvrer la biodiversité de la végétation en moins d'une dizaine d'années, et ce simplement par la régulation des populations de grands herbivores comme les cerfs et les wapitis. C'est ainsi que les grands prédateurs peuvent aussi jouer le rôle de grands régulateurs. Avis aux humains ! Preuve aussi que les chasseurs et les écologistes peuvent se réconcilier si les uns et les autres connaissent vraiment l'équilibre des écosystèmes qu'ils fréquentent. Mais la science elle-même n'est pas toujours en mesure d'apprécier cet équilibre, faute de l'avoir encore étudié.

Le danger de perdre le loup et l'ours est réel si on ne leur redonne pas un espace naturel. Il y a un siècle, ces deux espèces comprenaient des dizaines de variétés. Aujourd'hui, les dernières qui survivent dans les zoos peinent à échanger leurs gènes – la fertilité diminue en captivité – et vont s'éteindre si on ne les relâche pas dans la nature. Nous en sommes d'ailleurs arrivés à cette limite où les ours ne survivent plus, même relâchés. Même problème avec le panda. Si on ne réintroduit pas dans leur milieu naturel certains animaux en voie de disparition, c'est l'extinction assurée. Et s'il y a extinction, il y aura éventuellement recours au clonage à partir de cellules congelées. Nous scellerons alors la fin des espèces sauvages, avec ce qu'elle annonce d'artificialisation du vivant.

On peut aussi rappeler que sans loup il n'y aurait jamais eu de chien, et que sans chien il y aurait moins d'animaux de sauvetage, de garde ou de compagnie. Nous pourrions, nous direz-vous, nous dispenser de ce maillon originel un peu encombrant et peu docile ; n'avoir plus besoin du loup puisque son descendant est réussi. Sauf qu'il est préférable de penser l'avenir à l'échelle de l'évolution : les espèces continuent d'évoluer, et le loup, par exemple, donnera peut-être un jour naissance à d'autres espèces aussi intéressantes que le chien – ou pas, et alors ? La vie est belle sans finalisme et nous n'avons aucune raison objective de penser que le cycle de l'évolution est achevé. Il se poursuit depuis la nuit des temps...

Ainsi l'universalité des lois de la vie place l'homme en étroite relation avec les microbes, les plantes et les animaux. L'étude de la biodiversité est par nature interdisciplinaire, voire transdisciplinaire, et mérite d'être reconnue à sa juste valeur.

Pour conclure ce chapitre, voici au moins cinq raisons fondamentales de préserver la biodiversité. Raisons expérimentées et raisons à construire.

1. Depuis toujours, la biodiversité est le moteur de la santé planétaire... Elle en perpétue la vitalité. Le changement climatique, les pollutions, les déforestations massives, l'assèchement des zones humides entraînent l'extinction de certaines espèces, maillons de la chaîne du vivant. L'adaptation d'un écosystème à certaines conditions fluctuantes se fait d'autant mieux qu'il est biodiversifié. Mais nous sommes encore très loin d'une véritable appréhension scientifique du fonctionnement de la biodiversité, de la nécessité et du rôle de toutes les espèces.

2. La biodiversité est d'une utilité directe et quotidienne pour l'homme et les espèces qui lui sont proches. Pour se nourrir et se soigner notamment : on préserve à dessein des variétés de vaches, de brebis, etc., et surtout des espèces végétales. Leur diversité permet d'assurer la base de la chaîne alimentaire. Mais nous sommes arrivés à un point où l'hégémonie des monocultures épuise les sols et rend l'alimentation humaine trop dépendante de quelques espèces ; où tant de vaches d'une même race sont inséminées avec la semence d'un même taureau qu'elles frisent la dégénérescence. La réduction de la diversité des races entraîne une fragilité et une augmentation de leur sensibilité aux maladies.

La biodiversité offre aussi une multitude de plantes médicinales et de substances thérapeutiques actives. La forêt tropicale, en passe de disparaître, abrite peut-être des plantes susceptibles de guérir certains cancers ou le sida. La connaissance des bactéries, des champignons microscopiques permet de nous soigner, en nous offrant par exemple de nouveaux antibiotiques, d'autant plus nécessaires que, après l'usage abusif des premières familles d'antibiotiques, ceux-ci sont devenus inefficaces par augmentation des résistances des germes pathogènes qu'ils sont censés détruire.

3. La biodiversité est un indicateur toxicologique naturel. Nos ressources sont de plus en plus contaminées par la pollution microbienne, chimique, physique (ordures, rayonnements radioactifs, ondes électromagnétiques), voire la pollution génétique. Un écosystème diversifié recèle toujours au moins une espèce sensible à tel type de pollution, et dont la disparition peut donner l'alerte. Nous disposons ainsi d'indicateurs de la santé du milieu : les lichens sont de bons indices de la pureté de l'air, à laquelle ils sont très sensibles et qu'on mesure par leur présence ou leur absence ; de même les daphnies en milieu aquatique, ou les rongeurs et les oiseaux en zone agricole. Ces derniers jouent un rôle de régulateur, et leur éradication entraîne de nouveaux et forts parasitismes, d'insectes par exemple. Ces observations ont d'ailleurs conduit à utiliser certaines espèces comme modèles de laboratoire afin d'étudier la toxicité de nouvelles molécules.

4. La biodiversité représente la seule assurance-avenir réelle pour les générations futures. Dans nos sociétés, nous nous assurons sur presque tout : voiture, appartement, décès, pertes de papiers, de cartes de crédit, annulation de voyages... Pourquoi ne pas refuser tout ce qui altère déjà notre devenir ? La santé, donc le respect des écosystèmes, est la seule véritable assurance sur l'avenir. L'assurance de trouver encore demain, par exemple, une plante sauvage qui pourra se croiser ou être croisée avec une autre, et sauver cette dernière d'une maladie. (C'est ainsi qu'on préserva le manioc africain, victime d'une maladie cryptogamique, d'une disparition certaine en le croisant avec un manioc sauvage résistant.)

5. Enfin, la biodiversité est importante pour la connaissance de la vie. Un humain ou un mammifère qui évoluerait dans un environnement très uniforme ou peu diversifié ne développerait pas correctement son système nerveux et son intelligence – des expériences menées avec des singes ou des rats l'ont largement démontré. La biodiversité participe ainsi de notre ouverture de conscience. D'elle nous puisons aussi toutes nos connaissances du vivant, depuis la nuit des temps, en procédant par comparaisons. Et l'observation scientifique des espèces les plus diverses, voire les plus étranges, nous apporte un savoir et des solutions à nos questions.

Aux raisons de préserver la biodiversité on peut ajouter la beauté, ce sentiment, cette sensation que la nature fait naître en nous et qui sont irremplaçables. Lien affectif, intuitif, irréductible. Il y a un principe, tiré d'une phrase du septième chapitre de l'Évangile de saint Matthieu, que nous aimerions voir s'étendre aux relations que l'homme entretient avec la nature : « Fais aux autres ce que tu voudrais qu'ils te fassent. » Alors ne brutalisons pas la nature. Sachons nous arrêter. Évitons ce jour où elle ne serait plus capable d'accueillir la vie humaine comme elle le fait depuis plusieurs millions d'années.

III

LE POINT DE NON-RETOUR ?

« Ce qui compte vraiment dans la sauvegarde des condors et de leurs congénères, ce n'est pas tant que nous avons besoin des condors, c'est que nous avons besoin de développer les qualités humaines qui sont nécessaires pour les sauver ; car ce sont celles-là mêmes qu'il nous faut pour nous sauver nous-mêmes. »

Ian Mac Millan

Avons-nous réellement besoin de toutes ces espèces pour vivre ? 6,5 milliards d'hommes aujourd'hui, 9 milliards demain... vont-ils exploiter le monde naturel sans retenue ? La communauté scientifique s'accorde depuis peu sur les dangers du dérèglement climatique mais semble ne pas (vouloir) comprendre que le sort de l'homme est totalement lié à la diversité de l'écosystème. Nous lui suggérons de méditer sur les bactéries primitives qui nous ont légué l'oxygène de l'air. Il a fallu à la vie complexe au moins trois milliards d'années pour se former et s'adapter progressivement à l'oxygène qui était un déchet toxique des formes de vie primitives. Sachant que nombre de bactéries vivent en moyenne entre vingt minutes et plusieurs jours[1], cette évolution se mesure sur des milliards de générations. Or nous imposons à la planète, sur une génération humaine, des bouleversements sans précédent. Ces deux derniers siècles, nous y avons plus modifié les conditions de vie que durant les six premiers millions d'années de l'humanité ! Nous aurons brûlé en deux siècles, et surtout ces dernières décennies, le pétrole accumulé pendant des millions d'années[2], détruit la moitié des surfaces de forêts tropicales en soixante ans, favorisant ainsi la progression des déserts !

Il faudrait peut-être, direz-vous, discuter du niveau à partir duquel nous pouvons survivre : avec seulement quatre, dix, trente plantes ? Sur les 32 000 espèces comestibles répertoriées, seules quatre plantes servent de base à 60 % de l'alimentation humaine : le blé, le riz, le maïs, le soja. Ces monocultures intensives continuent de s'étendre, rendant le monde entier dépendant

1. Sauf lorsqu'elles sont dans des formes de dormance, une sorte de mise au repos.

2. Yves Cochet, *Pétrole apocalypse*, Paris, Fayard, 2005.

de quelques plantes, dont les maladies ne pourraient qu'entraîner des conséquences catastrophiques. Qui plus est, ces espèces plantées sur plusieurs centaines d'hectares, cultivées souvent d'un seul tenant par facilité technique, sont tels des phares allumés dans la nuit : des appels aux insectes. Alors que les arômes multiples des polycultures préviennent souvent les invasions massives. On aggrave ainsi le parasitisme, qu'on endigue ensuite en diffusant des quantités de pesticides qui contaminent terres et rivières. Le sol intoxiqué s'appauvrit, et on doit l'enrichir à l'aide d'engrais dont l'excès est néfaste. Cela s'appelle un cercle vicieux...

Mais revenons à nos moutons... Si nous ajoutons à nos quatre plantes une trentaine d'autres, on arrive à 90 % de ce que les pays riches consomment : alors à quoi servirait d'en protéger des milliers ? On pourrait écrire un scénario mettant en scène un homme mangeant une seule espèce animale qui brouterait une seule espèce végétale, dans un monde ainsi simplifié à l'extrême. Hypothèse de fiction, car comment perdurerait cette plante sans les milliers d'espèces de bactéries qui permettent à ses racines de se nourrir ? Comment vivrait l'homme avec un tel régime ? Et que deviendrait un tel « écosystème » (le terme serait du coup impropre) si un accident climatique emportait la plante ? Un tel accident aurait évidemment moins de prise sur un véritable écosystème, diversifié par nature, où différentes espèces de plantes seraient capables de résister. Nous l'avons vu, aucune espèce considérée séparément ne peut survivre. La vie est un tout. Plus on l'isole, plus on la fragilise.

À présent, poussons la porte du Muséum d'histoire naturelle : nous y contemplons une minuscule partie de la longue procession des espèces disparues. La dernière extinction en date n'est due qu'à l'action de l'homme sur les milieux qui l'entourent. Au sol, sous verre, la stature rondouillarde d'un dodo, oiseau abondant dans l'archipel des Mascareignes jusqu'au XVIIe siècle. Sa disparition, vers 1680, est symptomatique de la relation de prédateur irresponsable qu'a trop longtemps entretenue l'homme avec la nature.

Le dodo était un gros oiseau dodu d'une dizaine de kilos qui vivait sur une île « inhabitée » de l'océan Indien, devenue aujourd'hui l'île Maurice. Cette perle abritait des espèces endémiques qui n'avaient jamais vu d'hommes. Au XVIe siècle, ceux qui abordèrent l'île étaient des marins occidentaux en quête d'eau douce et d'escale sur la route des Indes. À cette époque d'essor de la navigation hauturière, les puissances européennes ne pensaient qu'à étendre leurs possessions outre-mer. Tout territoire qui n'était pas peuplé d'hommes blancs était considéré comme libre et annexé immédiatement au nom de la couronne régnante à laquelle l'explorateur obéissait. Les dodos virent donc débarquer des marins portugais, hollandais, français. Comme ils n'avaient pas de prédateurs, leurs ailes, qui ne servaient plus à grand-chose depuis longtemps, s'étaient atrophiées et ils ne volaient plus. Ils se sont approchés, pour voir à quoi ressemblait un homme de près. C'est ainsi que les marins des nombreux vaisseaux des flottes de commerce et de guerre ont pu, sans effort, faire leur marché de viande fraîche (et de captures commerciales dans le genre des perroquets), non seulement avec le dodo mais aussi avec deux espèces de tortues géantes, le pigeon des Mares, un râle rouge et d'autres encore. Les oiseaux et les œufs que les hommes ne prirent pas, les rats, les chiens, les porcs débarqués des navires avec eux s'en chargèrent. Entre 1732 et 1795, marins et colons consommèrent là-bas quelque 280 000 tortues ! Les tortues, le dodo, le râle rouge n'ont pas résisté à cette pression humaine. Un programme de sauvegarde tente aujourd'hui de sauver les oiseaux survivants, mais le dodo a disparu à jamais.

On pourrait faire la même démonstration sur tous les continents, pour les animaux comme pour les plantes endémiques victimes d'espèces importées plus compétitives, de prélèvements importants, de prédateurs nouveaux apportés par l'homme, de dégradations des habitats, de la pollution, du réchauffement climatique. On pourrait raconter la fin de l'oiseau-éléphant de Madagascar disparu définitivement en 1650, celle de la rythine de Steller en 1769, celle du kangourou-rat à face étroite dont le dernier spécimen fut aperçu en 1879, celle du couagga en 1889, du wallaby de Grey en 1929, du loup de Tasmanie en 1939, du phoque moine des Antilles éteint en 1969, du boa fouisseur de l'île Ronde en 1979, et plus près de nous du grèbe de l'Atitlán en 1989. Les prochains à être effacés du monde risquent d'être les gorilles de montagne ou les ours polaires. Et demain, peut-être, l'homme.

Un paléoanthropologue, Richard Leakey, et un biologiste spécialiste de l'écologie de l'évolution, Roger Lewin, postulent que nous sommes en train de vivre la sixième extinction de masse des espèces [1], parce que les activités de l'*Homo sapiens sapiens* font pression sur les autres espèces et les mettent en péril. Le danger a plusieurs masques derrière lesquels se cachent toujours le(s) visage(s) de l'homme : déforestation, suppression des habitats naturels, désertification, barrages, prélèvements directs (chasse, pêche), et toutes les formes de pollutions existantes. Cette sixième extinction est-elle un mythe ou une réalité ? Si la plupart des chiffres avancés demeurent des spéculations, on peut s'appuyer sur ceux dont nous

1. Richard Leakey et Roger Lewin, *La Sixième Extinction, évolution et catastrophes*, Paris, Flammarion, coll. « Champs », 1997.

sommes certains. L'exemple des vertébrés est à ce titre intéressant : en un siècle, le cycle normal d'érosion touche entre 1 et 5 espèces de vertébrés. Au XXe siècle, c'est 260 espèces de vertébrés [1] qui se sont éteintes, entre 50 et 200 fois plus que les siècles précédents. Nous sommes assurément dans une phase d'intensification qui risque de ne laisser aux êtres vivants aucune possibilité d'adaptation à l'évolution. *Homo sapiens sapiens* compris.

Cette érosion touche toutes les espèces vivantes, grandes et petites, de la bactérie au mammifère. Sur 1 750 000 espèces répertoriées, l'Union internationale de conservation de la nature a recensé 15 503 espèces animales (dont 9 % de vertébrés) et végétales en voie d'extinction en 2004 ; elles étaient « seulement » 10 533 en 1998. Actuellement, près de 25 % des mammifères et 35 % des batraciens sont menacés. Et ces chiffres constituent la partie émergée de l'iceberg... Un bilan inquiétant sur l'état de la Terre a été publié par l'ONU en 2005, selon lequel 60 % des écosystèmes sont déjà dégradés ou surexploités. Ce rapport, élaboré par 1 360 experts de 95 pays [2], n'a suscité qu'un écho fort modeste au sein de la classe politique mondiale.

1. Roger Barbault, *Un éléphant dans un jeu de quilles*, Paris, Seuil, 2006, p. 185.

2. *Millennium ecosystems assessment* (Évaluation des écosystèmes pour le millénaire), publié sous l'égide de l'ONU, 2005 : www.millenniumassesment.org

Les forêts constituent un maillon essentiel de la chaîne de la vie. Couvrant près de 4 milliards d'hectares de la superficie émergée de la planète (soit 30 %), dont les deux tiers sont concentrés dans seulement dix pays (Australie, Brésil, Canada, Chine, États-Unis, Inde, Indonésie, Fédération de Russie, Pérou, République démocratique du Congo), elles remplissent diverses fonctions, de la conservation de la biodiversité, des sols et de l'eau à la fourniture de produits ligneux et non ligneux et au stockage du carbone. 348 millions d'hectares servent ainsi à la conservation des sols et des eaux, à la lutte contre les avalanches et la désertification, à la stabilisation des dunes de sable et à la protection des zones littorales[1]. Non seulement leur rôle dans la régulation des climats et le cycle de l'eau est primordial, mais leurs écosystèmes, très stables, abritent 50 % de la biodiversité terrestre.

Chaque semaine 200 000 hectares de forêts disparaissent (l'équivalent en une année de la superficie de la Sierra Leone). Ce total, bien qu'en recul par rapport aux chiffres estimés entre 1990 et 2000, demeure très alarmant. Les forêts tropicales comptent parmi les plus dévastées. En Amérique du Sud, depuis 2000, 4,3 millions d'hectares sont ainsi détruits chaque année,

1. Source : FAO (Food and Agriculture Organization) : www.usinfo.state.gov/fr/Archive/2005/Nov/15-9838.html

contre 4 millions d'hectares déboisés en Afrique. Encore aujourd'hui, 6 % des forêts mondiales seulement sont protégées. Où allons-nous ? La destruction aveugle de ces environnements constitue une menace directe pour la diversité de la vie et la stabilité de notre environnement.

Sur la contamination de celui-ci et les effets des pesticides sur la biodiversité, il semble que nous soyons encore loin de disposer d'un vrai bilan. Pourtant, ces effets ont déjà montré les limites et les dangers d'un usage abusif.

Dans les années 80, c'est l'industrie du luxe qui, victime d'un accident écologique, alerte autorités et scientifiques. La population des alligators du lac Apopka, en Floride, décline progressivement – et la fabrication de sacs en « croco » avec. C'est bientôt 82 % de leurs œufs qui n'éclosent plus et les mâles semblent curieusement délaisser leurs dames. Après examen, les scientifiques constatent à leur grand désarroi que les œufs concentrent des taux de pesticides anormalement élevés, et que 60 % des mâles présentent des pénis atrophiés. On sait que le lac a été quelques années auparavant contaminé par le dicofol, un insecticide redoutable qu'une usine proche déversait, et l'on croit naïvement qu'il n'est pas responsable de ces anomalies, du fait qu'on ne le détecte plus dans l'eau. Mais le pesticide, en se déposant dans les sédiments, a continué secrètement à contaminer toute la chaîne alimentaire : les algues et les planctons, puis les petits et gros poissons, et enfin les alligators. Cet accident marque une prise de conscience historique : on comprend soudain combien les effets délétères des pesticides avaient été jusqu'alors mal évalués. Les exemples antérieurs n'avaient pas suffi [1] : les loutres décimées par la dieldrine en Angleterre, à la fin des années 50 ; les femelles goélands nichant ensemble et pondant des œufs peu fécondés, imprégnés par le DDT, sur la côte sud de la Californie, dans les années 70, etc.

L'espèce humaine n'est pas épargnée par les problèmes d'infertilité ou de baisse des capacités érectiles liées à l'usage de ces substances [2]. Nous y reviendrons.

Chaque année en France – pays qui monte sur le podium des plus gros consommateurs mondiaux –, près de 80 000 tonnes de pesticides sont déversés dans les cultures et vont contaminer directement les eaux de surface et les eaux souterraines, empoisonnant directement les amphibiens, les oiseaux, les insectes...

1. C'est Theo Colborn, Dianne Dumanowski et John Peterson Myers qui racontent superbement cette histoire dans *L'Homme en voie de disparition ?*, Mens, Terre Vivante, 1997, ouvrage célèbre aux États-Unis mais qui est passé relativement inaperçu en Europe. Il a été préfacé par l'ancien vice-président des États-Unis Al Gore, très sensibilisé à ces problèmes.

2. L. Multigner et A. Oliva, « Environment as a risk factor for male infertility », *Scientific World Journal*, n° 18, 2001, p. 576-578.

Les insecticides sont les plus impliqués dans les dommages causés aux abeilles et aux autres mellifères (le bourdon, par exemple). Les abeilles en absorbent lors de la consommation du nectar contaminé au sein de corolles, puis les molécules toxiques agissent généralement en désorganisant la conduction de l'influx nerveux. Les effets des intoxications sont tantôt immédiats, tantôt différés, suivant la matière active, et peuvent éteindre une population entière. On en connaît les ravages depuis longtemps : aux États-Unis, en Californie, durant l'année 1967, 70 000 colonies d'abeilles furent détruites à la suite du seul traitement du coton par du Carbaryl[1]. Trente ans plus tard, les dommages causés sur les abeilles par certains pesticides sont dramatiques : depuis 1995, avec l'usage courant du Gaucho et du Régent, aujourd'hui interdits[2],

1. J. Louveaux, « Les traitements phytosanitaires et les insectes pollinisateurs », in P. Pesson & J. Louveaux, *Pollinisation et productions végétales*, Paris, INRA, 1984, p. 565-575.

2. « 2005 est une année test pour les apiculteurs. Pour la première fois, les deux insecticides contestés n'ont pas été utilisés pour traiter les champs de maïs et de tournesol. Leur usage a été suspendu progressivement, au fil des victoires remportées par les apiculteurs au cours d'une longue guérilla judiciaire. Un moratoire interdit l'usage du Gaucho sur les semences de tournesol depuis 1999, et depuis 2004 sur le maïs. L'usage du Régent est suspendu sur toutes les cultures depuis 2004. » *Le Monde* du 9/10/2005.

les abeilles ont disparu en masse en France. Les apiculteurs qui travaillent dans les régions de hautes cultures comme le tournesol ont vu année après année des intoxications massives et d'importantes dépopulations de leurs colonies. Certains ont été contraints d'arrêter leur activité, en raison d'une productivité en constante diminution.

En quoi la disparition des abeilles peut-elle nous inquiéter ? Comment peut-elle à elle seule fragiliser un écosystème ? Il faut savoir que le transport du pollen de fleur en fleur, tel que le font tous les groupes de mellifères, est un facteur de rendement aussi important que les éléments nutritifs, l'eau, la température... Les abeilles jouent en effet un rôle capital dans la reproduction des arbres fruitiers (pommier, poirier, actinidia, cerisier, amandier, châtaignier, etc.), des petits fruits (fraise, framboise, cassis...), des oléagineux (tournesol, colza), des légumes (melon, tomate), la production de graines, de semences (luzerne, trèfle violet...) et de semences légumières (carottes, oignons). De même une partie du tapis végétal spontané se reproduit grâce au butinage des pollinisateurs, insectes qui participent ainsi au maintien de la diversité des végétaux et à la conservation des plantes-abris et antiérosion.

En 2005, on a planté 90 millions d'hectares de soja, coton, colza, maïs génétiquement modifiés (94 % sur le continent américain, moins de 0,1 % en Europe), aptes à supporter sans mourir des herbicides qui tueraient toute autre plante (les trois premières cultures citées) ou à produire des insecticides (le maïs). Les Américains consomment ces OGM (qui représentent 11 % de leurs cultures) directement, ou indirectement en se nourrissant des animaux qui ingèrent du maïs et du soja génétiquement modifiés. Quant à la nature environnant ces champs, elle encaisse comme elle peut les flux de gènes que véhiculent sur des dizaines de kilomètres pollens et insectes. Flux qui apportent à des plantes sœurs ou cousines les caractères artificiels des OGM (tolérance aux herbicides destinés au défrichage, par exemple, ou sécrétion d'insecticide). Les descendants de tels croisements seront parfois porteurs des mêmes caractères de résistance aux insectes ou aux désherbants dont ils stimuleront ainsi l'usage agricole. Et sous les assauts corrosifs des pesticides, les sols finiront par être désertés par la vie.

Face à tous ces dégâts, les scientifiques sont divisés : sur les contrôles de santé à appliquer avant la mise sur le marché d'un OGM, mais aussi sur l'opportunité de l'énergie nucléaire (sans effets sur le dérèglement climatique), sur les sources d'énergie en général, etc. Ils sont divisés sur l'observation du monde, par exemple sur la question des trous dans la couche d'ozone et la part de responsabilité des activités humaines dans leur formation, sur la rapidité de progression du réchauffement de la planète. Ainsi, la science a aujourd'hui à la fois le plus fort impact qui soit sur l'évolution de la société et la plus petite capacité d'observation de celui-ci. Comme si les scientifiques n'étaient pas en mesure d'envisager, à défaut d'évaluer, les conséquences de leurs découvertes et des technologies qu'ils mettent au point. Sommes-nous aveugles ou pensons-nous trouver, en vertu de notre génie intrinsèque et infini, un moyen de réparer les dommages ? Déjà nous ne parlons plus de restauration de l'état initial. Les scientifiques trouveront bien une solution – telle est l'incantation –, quitte à modifier définitivement les conditions de la vie.

Que les scientifiques soient en désaccord sur l'impact de leurs activités paralyse la volonté des politiques, ou les conforte dans leur inertie... Ainsi les voit-on incapables d'établir un consensus sur l'environnement. Pourtant, gouverner, c'est théoriquement prévoir...

Si tant de scientifiques sont totalement étrangers à l'évolution de l'état du monde, n'est-ce pas une des conséquences de la disparition des grands observateurs qu'étaient les naturalistes ? Les quelques botanistes qui leur survivent font partie des derniers représentants de la dernière génération de naturalistes. Ils sont aujourd'hui remplacés par des scientifiques pour qui le monde se réduit à une éprouvette, au champ du microscope électronique. Tous les chercheurs de moins de quarante ans ont été formés dans la culture moléculaire. A contrario, la plupart des scientifiques qui faisaient de la zoologie, de l'embryologie, de la botanique, de l'entomologie ont disparu. Les sciences d'observation de la nature ont été éclipsées. Le réductionnisme et l'interventionnisme ont cours. Les chercheurs interventionnistes – ceux qui modifient volontairement un état naturel – ne semblent pas en mesure, de par leur formation et leur éthique, de regarder l'état de la nature : trop souvent, elle ne les intéresse pas. Certes, il nous reste des écologistes, mais si peu nombreux, et avec des moyens si faibles, incomparables à ceux investis dans la biologie moléculaire.

Au rang des aveugles, certains scientifiques pensent que la situation est loin d'être désespérée : la vie sur terre est une perpétuelle adaptation aux conditions du milieu – telle est la loi de l'évolution des espèces qui fait que disparaissent celles qui ne s'adaptent pas. L'homme ne donne pas l'impression de s'adapter, sinon en développant des cancers. Et qu'adviendra-t-il quand il manquera d'abord d'eau potable et peut-être un jour d'air respirable ? Quand il lui faudra s'adapter à des températures caniculaires ou au contraire glaciaires ?

Pourtant, selon les tenants de « la Terre en a vu d'autres », l'homme moderne aurait un atout majeur : la science. La science va-t-elle répondre au changement de l'environnement en changeant l'homme ? On sait déjà implanter des prothèses susceptibles de remplacer certains organes ; on peut trier génétiquement les embryons ; on crée avec les nanotechnologies de plus en plus d'intelligence *in silico* ; après tout, on peut remplacer ce qui ne va pas, on peut mettre des puces dans le cerveau, on peut vivre sans la nature – il faudra certes modifier le système digestif, mais on en trouvera le moyen... Un tel raisonnement relève non pas de l'esprit scientifique, mais de l'illusion ou du désir de maîtrise de la mythologie moderne. En effet, un scientifique part d'hypothèses enracinées dans le présent, à partir desquelles il fait des projections sur l'avenir. Il lui est impossible d'affirmer qu'une réponse satisfaisante sera trouvée à la dégradation drastique de l'environnement sous l'effet des pollutions chimiques et génétiques, de la désertification, du réchauffement climatique. À moyen terme, nous le répétons, le changement de l'état du monde risque de ne plus offrir le *substratum* de la vie humaine. Alors faisons tout pour l'éviter. Et nous l'éviterons.

La vie, nous y tenons tous les deux, dans toute sa diversité naturelle et culturelle. Elle est notre émerveillement quotidien, la source du mystère qui nous habite. Et nous avons plutôt envie de vivre en bonne santé et dans la beauté du monde. Aussi posons-nous avec gravité la question : à partir de quels niveaux d'atteinte du milieu naturel, vie humaine comprise, serons-nous dans un processus irréversible de disparition de la vie ? Personne ne sait où se situe ce point de bascule où la dynamique propre aux systèmes naturels va s'emballer vers le chaos avec la même gigantesque force qui les poussa vers la vie organisée, complexifiée et époustouflante d'invention. La vie est la plus forte tant qu'elle n'est pas atteinte par un élément qui lui est étranger comme les pesticides, les polluants industriels, ou par un changement trop brutal de son biotope comme les baisses ou élévations de température, ou en son devenir avec les modifications génétiques.

Une grande catastrophe comme la marée noire de l'*Amoco Cadiz* a causé la mort de milliers d'animaux et de plantes, sans parler de la ruine économique des Bretons. Mais vingt-cinq ans plus tard, grâce au travail des bactéries sur l'huile naturelle qu'est le pétrole lourd, la vie marine a reconquis toutes ses positions au large de Portsall. Pour catastrophique qu'il fut, ce naufrage eut des conséquences écologiques réversibles.

Par contre, nos collègues climatologues pressentent que la machine climatique est proche de la détérioration irréversible. Pour la première fois dans l'histoire des sciences, une discipline est unanime sur le constat (la détérioration dramatique du climat sous l'action de l'homme) et sur l'impérieuse nécessité d'agir au plus vite pour, au mieux, stabiliser la situation. Personne ne croit à un retour à la situation climatique d'il y a ne serait-ce que cinquante ans. Donc, alerte maximale sur le climat. Ce qui n'empêche pas les plus gros pollueurs

– comme les États-Unis – de continuer à refuser de se joindre à l'effort international de réduction d'émission de gaz carbonique. Et ne nous empêche pas non plus de perpétuer des comportements aberrants. Que penser, lorsqu'on lit dans la presse qu'il ne faut manquer « sous aucun prétexte » une exposition de peinture au musée de l'Ermitage, à Saint-Pétersbourg ? L'intention est fort louable. Et n'est-il pas tentant d'emprunter les compagnies aériennes *low cost* pour sillonner l'Europe d'un week-end à l'autre ?... Mais prendre l'avion aujourd'hui n'est pas sans conséquence, sans occasionner des dégâts collatéraux : c'est l'un des moyens de transport les plus polluants. Alors, tant pis pour la pollution de l'air par le kérosène, grand producteur de gaz carbonique ? Tant pis ? Même si les experts préconisent aujourd'hui de ne pas effectuer plus d'un voyage en avion par an et par personne[1] ! Pourquoi ne pas chercher à retrouver le temps du voyage... et dessiner une société où la culture ne serait pas indexée sur le tourisme et sa rentabilité, sur la boulimie de loisirs ?

1. Hervé Le Treut, Jean-Marc Jancovici, *L'Effet de serre. Allons-nous changer le climat ?*, Paris, Flammarion, coll. « Champs », 2004.

IV

UN COCKTAIL QUI TIENT AU CORPS

« C'est une maladie naturelle à l'homme de croire qu'il possède la vérité. »

Blaise Pascal

Au XXe siècle, comme pour saluer la jeune étoile de l'industrialisation, est né un cocktail qui infiltre nos corps et s'y agrège silencieusement. D'un genre nouveau, à première vue insoupçonnable, il s'agit d'un mélange de résidus de plastiques, de pesticides, de pétrole et autres produits chimiques, qui imprègne l'environnement, notre organisme et celui des animaux. En fait une bombe à retardement.

Ce que la biodiversité a perdu en espèces vivantes, elle l'a gagné en produits chimiques industriels disponibles sur le marché : 100 000 substances créées par l'homme, et qui aboutissent dans notre environnement un jour ou l'autre. Mais pas seulement... Près de 1 500 nouvelles molécules sont commercialisées chaque année, et, selon le Programme des Nations unies pour l'environnement, ce nombre augmentera de 80 % au cours des quinze prochaines années. De quoi préoccuper des organisations non gouvernementales comme la WWF, Greenpeace, ou le Mouvement pour le droit et le respect des générations futures qui en a fait son cheval de bataille.

L'Autorité européenne de sécurité sanitaire des aliments (EFSA, European Food Safety Agency) révèle d'ailleurs, dans un rapport publié en février 2006, que la première inquiétude des Européens en matière de sécurité alimentaire est la présence de pesticides dans leur nourriture ! Ces molécules ne représentent pourtant qu'une partie des produits industriels, celles destinées à éradiquer (à un niveau ou un autre de l'écosystème) telle mauvaise herbe ou tel parasite des cultures, et répandues volontairement par centaines de milliers de tonnes chaque année. Si chaque principe actif a des effets secondaires – c'est aussi le cas de tous les médicaments destinés à soigner –, méfions-nous au premier chef de ceux qu'induisent des substances délibérément toxiques !

Les pouvoirs publics tentent péniblement de prendre en compte ces préoccupations. Ainsi plus de soixante ministres et autres délégués gouvernementaux se sont réunis à Dubaï (Émirats arabes unis) en février 2006, à l'occasion de la conférence internationale sur la Gestion des produits chimiques (CIGPC). Ils ont mis sur pied une nouvelle initiative[1] qui couvre aussi bien l'évaluation des risques que l'harmonisation de l'étiquetage et le traitement des stocks obsolètes. Une résolution a été adoptée : « minimiser les effets défavorables importants des produits chimiques sur la santé humaine et l'environnement », mais à l'horizon... 2020 ! Ce qui revient à dire aux citoyens des différents continents que ce problème n'est pas une priorité.

On connaît la puissance de feu des industriels... notamment sur les plans commercial et financier : leurs communiqués de presse militent pour une édulcoration de la réglementation européenne, qu'ils jugent un peu sévère – démonstration éloquente, s'il en était besoin, de leur volonté de prendre en compte les effets négatifs... Ils militent même pour rebaptiser les pesticides « produits phytosanitaires », destinés à la « protection des plantes », histoire de dédramatiser...

Le projet Reach (*Registration, Evaluation, Authorization of Chemicals*), initié en octobre 2003 par la Commission européenne, vise à définir une nouvelle réglementation en matière d'autorisation de mise sur le marché de substances chimiques existantes et à venir (les pesticides

1. « Approche stratégique de la gestion internationale des produits chimiques » (SAICM d'après son sigle anglais).

sont évalués par une autre directive européenne). Reach devrait entrer en application en 2006 et permettre l'établissement d'un registre qui impose aux producteurs et importateurs de produits chimiques des tests systématiques pour évaluer les effets de ces substances sur l'homme et son environnement, le développement d'une chimie non toxique, et l'abandon progressif des produits les plus dangereux au profit d'autres substances sans risques, quand elles existent. Néanmoins, les ONG environnementales tirent la sonnette d'alarme, car sur les 100 000 substances chimiques en circulation dans l'Union européenne, seules les 5 000 plus récentes ont été testées.

L'objectif initial de Reach était de mettre en place sur onze ans un système d'enregistrement d'au moins 30 000 substances. Le projet, approuvé par le Parlement européen en novembre 2005 (à 407 voix contre 155), ne concerne malheureusement plus que les produits chimiques dont la production est supérieure à une tonne dans l'Union européenne : 18 000 d'entre eux vont donc être exemptés d'évaluations sérieuses. Par ailleurs, les substances dites « extrêmement préoccupantes » (cancérigènes, mutagènes ou reprotoxiques, soit 1 500 sur les 30 000), jusqu'alors autorisées lorsqu'il n'existait pas de produits de substitution, sont désormais limitées à cinq années d'exploitation, mais cinq années renouvelables ! Quelle déception...

Pourtant, il existe aujourd'hui des études scientifiques, certes non destinées au grand public[1], et quelques livres accessibles[2] démontrant le lien entre ces molécules chimiques et diverses perturbations physiologiques qui peuvent toucher le système nerveux, reproducteur, respiratoire, ou encore immunitaire. À la fin du mois de mars 2006, l'Association pour la recherche sur le cancer (ARC) et celle des Accidentés de la vie (FNATH) ont rendu publics les résultats d'une étude menée dans la Gironde, montrant que le risque de tumeur du cerveau est 2,6 fois supérieur chez les utilisateurs de pesticides, qu'il s'agisse d'agriculteurs ou de particuliers qui cultivent leurs plantes d'intérieur ou leur jardin.

Ce mois-là est décidément et dramatiquement fécond... Liverpool, 20 mars 2006 : une nouvelle étude confirme qu'une exposition même à des quantités très faibles de polluants environnementaux, comme les pesticides, peut conduire à un

1. DiDiego *et al.*, « Unmasking the truth behind endocrine disruptors », *Nurse Pract*, nº 10, 2005 ; T. Colborn, « A case for revisiting the safety of pesticides : a closer look at neurodevelopment », *Environ Health Perspect*, nº 114, 2006, p. 10.

2. Voir Vincent Nouzille, *Les Empoisonneurs*, Paris, Fayard, 2005 ; François Veillerette, *Pesticides, le piège se referme*, Mens, Terre Vivante, 2002 ; André Cicolella et Dorothée Benoit Browaeys, *Alertes Santé*, Paris, Fayard, 2005 ; G.-É. Séralini, *Génétiquement incorrect*, Paris, Flammarion, coll. « Champs », 2005.

risque accru de développement d'un cancer, particulièrement chez les jeunes enfants et les jeunes adultes. Les auteurs, les professeurs Vyvyan Howard et John Newby, ont systématiquement passé en revue les plus récents travaux sur le sujet[1]. Ils ont également montré que les variations génétiques entre individus, susceptibles de prédisposer certains au cancer, peuvent interagir avec ces contaminants environnementaux et augmenter le facteur de risque.

Toujours selon le professeur Howard, « les contaminants environnementaux, en particulier les pesticides de synthèse et les organochlorés qui peuvent entraîner des perturbations du système hormonal, constituent des facteurs majeurs de déclenchement de tumeurs malignes hormonodépendantes... On devrait maintenant s'attacher à réduire l'exposition à ces produits chimiques problématiques. »

Ces produits chimiques ont rarement une « affinité » avec un organe précis[2], ils affaiblissent plutôt l'organisme dans son intégralité, tels des empoisonneurs sournois, alors que les bactéries ont au contraire des cibles préférentielles (l'une infecte d'abord les poumons, telle autre l'intestin,

1. J. A. Newby & C. V. Howard « Environmental influences in cancer aetiology », *Journal of Nutritional & Environmental Medicine*, n° 1, 2006, p. 59.

2. Ce qui n'est pas le cas de la thyroïde, qui accumule notamment les produits iodés.

ou les reins). Aussi les symptômes associés au produit chimique sont-ils moins clairs et se manifestent-ils moins vite que ceux liés au microbe. Avec les polluants, tous les critères épidémiologiques mis en place dans les hôpitaux ou les centres de recherches pour associer telle maladie à tel agent causal vacillent : il est difficile, voire impossible, de relier simplement une dose d'agent pathogène à des symptômes. Les effets de certaines substances sur le système hormonal, par exemple, ne sont pas directement proportionnels à la dose. Une petite dose de polluant (aux propriétés féminisantes) peut provoquer l'ovulation, tandis qu'une concentration plus importante peut agir comme une pilule contraceptive. Les produits chimiques s'accumulent lentement et sont difficiles à détecter, quand les bactéries se multiplient des millions de fois en quelques jours. Qui plus est, ils agissent de manière combinée et se transmettent d'une génération à l'autre, par le lait maternel ou lors de la grossesse (on se souvient que la prise de Distilbène par leur mère pendant sa grossesse avait provoqué chez des enfants devenues femmes des cancers du col de l'utérus).

Les conséquences sont déjà là. Alors laissons parler les faits.

En décembre 2003, la WWF réunit ses fonds privés et propose à 47 personnes venant de 17 pays d'Europe des analyses dispendieuses.

Mais pas à n'importe qui : l'organisme international veut sensibiliser les autorités en analysant le sang de parlementaires européens volontaires. Bien sûr ce ne sont pas les 100 000 composés qui peuvent être recherchés, mais un millième d'entre eux, dont on a constaté les dégâts sur la vie sauvage, voire sur la vie humaine en cas d'usage professionnel exagéré ou d'accident d'usine. Ils représentent un cinquième de ceux qui ont été étudiés en laboratoire et dont on a constaté les effets toxiques sur des cellules humaines ou animales.

Les cent un produits chimiques recherchés proviennent de cinq groupes : les pesticides organochlorés, incluant le DDT ou le lindane ; les PCB [1], présents notamment dans les isolants électriques ; les retardateurs de flamme bromés, dont on enduit toutes sortes de produits et matériaux domestiques pour éviter qu'ils ne soient combustibles ; les phtalates, qu'on retrouve dans certains

1. À titre d'exemple : les PCB (ou polychlorobiphényles) sont des dérivés chimiques chlorés regroupant 209 substances apparentées. Entre 1930 et le début des années 1980, ils ont été produits et utilisés pour leurs remarquables propriétés en matière d'isolation électrique et de stabilité thermique, leur excellente lubrification et leur résistance au feu. En 1985, lorsqu'il a été reconnu publiquement qu'ils présentaient un danger pour l'homme et pour l'environnement, leur production a été interdite. Ils doivent être éliminés de manière contrôlée par des entreprises agréées de destruction des déchets, et leur utilisation doit être définitivement arrêtée en 2010.

jouets d'enfants, les tétines de plastique mou ou des emballages alimentaires ; et enfin les composants perfluorés largement utilisés dans les emballages protecteurs (contre taches, graisses ou eau) pour pizzas ou frites, dans les vêtements, les tapis ou même les poêles antiadhésives. On retrouve aussi certains de ces ingrédients dans des arômes de synthèse (le musc, par exemple), nombre de parfums, désodorisants, après-rasages, savons et autres produits de soin, des dentifrices, des produits ménagers d'entretien, et même à la cuisine dans les planches à découper en plastique. Ces composés sont considérés comme bioaccumulables et stables.

Les analyses ont révélé un « cocktail » additionnel différent chez chaque personne, composé en moyenne de 41 substances chimiques différentes – c'est jusqu'à 54 produits chimiques qui ont été décelés dans le sang de l'un des députés européens ! –, et 13 substances identiques ont été trouvées chez chaque volontaire testé, y compris des produits chimiques interdits en Europe depuis plus de vingt ans, comme le DDT et son principal métabolite dans l'organisme, plus dangereux encore, le DDE, ou encore les PCB. D'autres encore, tels les phtalates et les perfluorés, ont été détectés.

La WWF ne s'est pas arrêté là : en juin 2005, il a initié l'enquête « Génération X » et fait analyser le sang de 13 familles européennes sur trois générations, de 12 à 92 ans. Les résultats, présentés à la fin de l'année par leur chargé de mission, Olivier Le Curieux-Belfond, sont tout aussi alarmants et confirment malheureusement ceux des enquêtes précédentes : les molécules de 73 produits chimiques dangereux sont présentes dans le sang des personnes testées (grand-mères, mères et enfants compris). Le nombre le plus élevé de produits a été relevé chez les grand-mères (63 substances), contre 49 pour la génération des mères. Plus inquiétant, les jeunes sont intoxiqués par un nombre encore plus élevé de produits chimiques (59) que leurs mères. Et il faut savoir que la plupart d'entre eux ne se décomposent que très lentement, sont persistants (ils ne s'évaporent donc pas non plus dans la nature), et s'accumulent, voire s'amplifient dans l'organisme au cours de la vie. Heureusement, certains semblent s'estomper au fil des générations, mais les résultats individuels sont encore trop variables pour en tirer des conclusions.

A Present for Life[1] a prouvé que les fœtus sont déjà en contact in utero avec des substances dangereuses. Cette étude, commanditée par Greenpeace et WWF, a été réalisée aux Pays-bas à partir de 42 échantillons de sang maternel et de 27 échantillons de sang de cordons ombilicaux.

1. Le rapport complet est disponible en anglais sur le site www.panda.org/detox

Une vingtaine de substances toxiques, appartenant à 8 groupes chimiques différents, ont été identifiées ! Celles retrouvées dans le sang des cordons ombilicaux interviennent pour la majorité dans la fabrication de biens de consommation courants, tels que les boîtes de conserve, les appareils électroniques, les déodorants, les dentifrices, etc.

Une autre étude, conduite par Gilles-Éric Séralini, avait déjà montré que le génome d'une cellule de fœtus normal peut fixer des centaines de polluants[1] ! (L'ADN « retient » ces molécules, alors qu'elles ne font que passer dans le sang.) Ces travaux ont participé à la mise en lumière de la capacité chimique de certains polluants à s'ajouter sur les bases du message génétique. Ajouts qui peuvent faire muter ce message, par exemple lorsqu'une cellule va se reproduire : au lieu de se multiplier à l'identique, le message génétique se dérègle...

À Montpellier, des travaux réalisés par l'équipe de Charles Sultan, professeur de pédiatrie au centre hospitalier et chercheur en endocrinologie moléculaire à l'INSERM, viennent compléter le tableau. Les malformations congénitales du pénis et la cryptorchidie (testicules non descendus dans

1. Cf. les travaux conduits par Gilles-Éric Séralini et Annie Pfohl-Leszkowicz, *DNA adducts in human fetal tissues*, Xth International Congress on Hormonal Steroids, Québec, juin 1998.

les bourses) augmentent chez les nouveau-nés (les problèmes chez les garçons se voient plus vite), cependant que des pubertés parfois très précoces ont été constatées chez des petites filles qui vivent en milieu agricole[1]. Tout se passe comme si les polluants, avec leurs perturbateurs hormonaux, avaient lourdement contaminé l'espèce humaine et ses capacités de reproduction – cette fonction étant sans doute la plus fragile et la plus soumise aux perturbations environnementales. Ainsi, une espèce animale malade commence par ne plus se reproduire correctement.

Depuis les travaux de Niels Skakkebaek au centre hospitalier de Copenhague, en 1992, on savait que la concentration des spermatozoïdes a chuté en moyenne de 50 % en cinquante ans. Mais il a fallu une dizaine d'années pour que ses résultats soient admis, confirmés, grâce aux banques de sperme et aux études européennes impliquant une collaboration entre de nombreux centres de recherche. Tendance de fond : la décroissance, mais une grande variabilité se fait

1. C. Sultan *et al.*, « Clinical expression of precocious pubertal development in girls », *Gynecol. Obstet. Fertil.*, n° 33, 2005, p. 197-207 ; F. Paris *et al.*, « Increased serum estrogenic bioactivity in three male newborns with ambiguous genitalia : a potential consequence of prenatal exposure to environmental endocrine disruptors », *Environ. Res.*, n° 100, 2006, p. 39-43.

jour selon les régions et l'environnement. L'infertilité[1] affecte 15 % des couples dans les pays de l'Ouest (Amérique, Europe occidentale). Entre 30 et 50 % des couples infertiles le sont à cause d'une production de sperme perturbée. Parmi les facteurs impliqués dans cette baisse ? Des expositions aux pesticides et aux solvants.

Mais qu'est-ce qui a bien pu se passer pour que nous en soyons arrivés là ?

Zoom arrière. Au milieu du XIXe siècle, aucun des produits précités n'existe. Dans les villages, on a creusé dans les cours et les jardins des fosses pour recueillir les excréments, mais on lève aussi le coude facilement pour vider les pots de chambre par les fenêtres ; dans les villes, des monceaux d'ordures s'accumulent dans les rues. Paris est appelé « la ville des boues » par Rousseau. On a bien pris conscience des microbes grâce à Van Leeuwenhoek (1632-1723) et ses premiers microscopes améliorés. Dès 1677, ce jeune apprenti drapier, autodidacte surdoué, passionné de science et d'optique, avait observé sous ses lentilles grossissantes aussi bien les « animalcules » (spermatozoïdes dans la semence)

1. L'infertilité est définie comme l'incapacité à concevoir après un an d'essais sans contraception, ce n'est pas synonyme de stérilité. Voir pour ces données Multigner L. et Oliva A., Environment as a risk factor for male infertility. Scientific, World Journal, 2001, 18, 1, 576-578.

que des bactéries. Il en avait déduit qu'il existe une vie microscopique, et que celle-ci peut se reproduire, mais aussi engendrer des maladies ! Il avait aussi savamment expliqué qu'il n'y a pas de génération spontanée, contre la théorie en cours parmi l'intelligentsia. Mais la puissance dominante de l'Église rejeta Van Leeuwenhoek et ses idées. Deux siècles plus tard, le commun des mortels ne sait rien ou presque des effets du manque d'hygiène sur le choléra par exemple, ou du plaisir qu'ont les rats à vivre dans les immondices, qu'ils sont ainsi porteurs de virus et bactéries responsables de grandes épidémies, comme la peste... Donc on ne balaie pas devant sa porte, et il faudra pour rendre cela obligatoire toute la détermination d'un préfet : Eugène René Poubelle, qui, il y a seulement un peu plus de cent vingt ans, en 1883, apprit aux gens à mettre leurs ordures sous couvercle.

Ce sont en France les découvertes de Louis Pasteur (1822-1895) qui vont profondément bouleverser la médecine occidentale. Le chercheur enfonce le clou sur l'absence de génération spontanée et il démontre l'origine bactérienne ou virale de certaines maladies. Des mesures sont prises : la vaccination, contre la rage notamment ; la pasteurisation, qui va vite se généraliser pour conserver sainement les boissons et les aliments (sans multiplication microbienne). Quelques décennies plus tard, le tout-à-l'égout est mis en place, les foyers ont accès à l'eau courante, l'usage des antibiotiques se développe progressivement grâce à la découverte de Fleming en 1928. Désormais, l'espérance de vie augmente significativement.

Au XXe siècle, les hôpitaux deviennent les cathédrales de l'hygiène antimicrobienne. On lutte, on aseptise, on brique, on antibiotique tant qu'on peut. Le « bactériologiquement propre » triomphe, et devient une culture. On a désormais accès à une alimentation variée, aux vitamines, aux médicaments, à l'eau courante et saine. La longévité humaine s'emballe : on vit plus fréquemment jusqu'à quatre-vingts ans et plus. On a bien intégré l'opération : maladie = symptômes précis = bactéries, virus qui se multiplient vite et fort = traitement spécifique contre ces microbes = guérison.

Après la Seconde Guerre mondiale, les Trente Glorieuses voient l'apogée du raisonnement hygiéniste, du culte de l'homme nouveau, de la confiance dans le progrès, l'avènement des arts ménagers. L'industrialisation progresse, galope. Les produits chimiques sont synthétisés à tour de bras. Bien sûr, si l'on pose des questions relatives à leurs effets sur la santé avec un doigt dubitatif sur la tempe, on n'obtient pas de réponses. C'est l'ère de l'amiante, du tabac que l'État distribue à tous les jeunes hommes durant leur service militaire, des antibiotiques que les médecins prescrivent sans compter et pour les maux les plus banals, sans se soucier des résistances aujourd'hui admises et dénoncées comme des conséquences de cet abus. C'est le couronnement de l'insecticide DDT qu'on pulvérise partout, des braguettes des soldats aux matelas en passant par les armoires à linge des ménagères, afin d'éviter les parasites... Sans oublier les autres pesticides alors si piètrement évalués, ceux que l'on devra interdire ensuite à cause des cancers mortels dont ils sont responsables (notamment les produits contenant de l'arsenic, du cadmium ou du nickel, qui produisent, selon la voie d'exposition, des cancers des poumons et de la peau, du foie, des reins, du côlon, de la vessie...).

Le XXe siècle est pasteurien. Antimicrobien. Presque exclusivement. Trop exclusivement. On recommence les mêmes erreurs, mais autrement. Avec les déchets chimiques, cette fois : on jette l'huile de moteur et le pétrole à l'égout ou en mer, les incinérateurs répandent les dioxines dans l'air, les usines crachent des pluies acides, les gaz de moteurs commencent à gicler aux visages des enfants. Les pesticides arrosent la terre par millions de tonnes – les agriculteurs ont pourtant du mal à s'y faire, mais les crédits à la mécanisation et l'agriculture intensive les ont convaincus. Le plastique, l'encre des journaux, les gaz de moteurs, tout cela se retrouve dans notre environnement.

Notre environnement : une poubelle dont le couvercle est notre atmosphère. Simplement, nous avons changé d'échelle : en un siècle, la population mondiale est passée de 1 à plus de 6 milliards, en se concentrant dans les villes. Les besoins ont explosé : énergie, culture, charbon, pétrole, électricité (d'origine nucléaire), isolants électriques, et bien sûr plastiques, matériaux artificiels et pesticides. Mais on ne fait pas d'omelette sans casser des œufs, soutiennent d'aucuns.

Aujourd'hui, nous sommes malades des produits que nous épandons, répandons, vaporisons à longueur d'année depuis seulement un demi-siècle ! Et nous succombons sous nos ordures chimiques, lesquelles pénètrent notre corps comme jadis les ordures à l'air libre diffusaient les microbes infectieux. Nous succombons principalement sous le coup de deux sortes de maladies : les affections cardio-vasculaires et les cancers. Hygiène de vie et alimentation sont clairement à l'origine des premières, et pour partie des secondes. Pourquoi une telle augmentation des cancers dans les pays industrialisés ? Pourquoi ceux des cellules plutôt graisseuses, comme les globules blancs, ou du cerveau chez l'enfant ? À Mexico, par exemple, les cancers représentent la seconde cause de mortalité chez les enfants.

Nous savons que 80 % des cancers sont dus à l'environnement pris au sens large : tabac, alcool, mais aussi pollution chimique[1], dans une moindre mesure virus et autres micro-organismes, et peut-être le rayonnement électromagnétique. Nous subissons – et cela s'est intensifié au siècle dernier – un empoisonnement quotidien de basse intensité via l'air, l'eau, l'alimentation : les produits toxiques déversés par millions de tonnes, avec une durée de vie plus longue que la nôtre, s'accumulent et se concentrent dans la chaîne alimentaire et dans notre corps. Parmi eux, des perturbateurs endocriniens qui désorganisent nos fonctions vitales. Nombre de molécules qui nous paraissent banales sont en réalité des bombes pathologiques à retardement, et les trop rares études épidémiologiques réalisées viennent confirmer cette relation entre cancer et produits chimiques.

En 2005, deux études américaines viennent corroborer celle-ci : une équipe du Maryland a mis en relief la relation entre les nitrates présents dans l'eau potable (puisée dans les nappes du sol, à présent contaminées) et des leucémies chez

1. Le cancérologue Dominique Belpomme a lancé à ce propos un cri d'alarme avec son livre *Ces maladies créées par l'homme*, Paris, Albin Michel, 2004. Avec l'« Appel de Paris », il a mobilisé scientifiques, personnalités et citoyens pour contrôler à la source l'émission des molécules chimiques dangereuses – nous en avons été les premiers signataires.

l'enfant, mais aussi celle de l'herbicide Métolachlor dans les mêmes nappes et le cancer des os[1]. Une équipe de Detroit[2] a montré le rapport entre le butadiène, composé utilisé dans l'industrie du caoutchouc synthétique, et une forme de leucémie. L'étude a porté sur 16 519 personnes de tous âges, ayant travaillé dans ce secteur d'activité entre 1948 et 1998.

Pollution chimique, molécules de synthèse en liberté sont les fruits de la science contemporaine. Bien sûr, on pourrait appeler au banc des accusés l'industrie[3], donc le néolibéralisme. Mais on rappellera aussi pour mémoire le concert de scientifiques niant, par exemple, les dangers de l'amiante et discréditant ceux de leurs confrères, ainsi que les journalistes, qui avaient tiré la sonnette d'alarme. Sans scientifiques consentants, ce système aveugle serait aujourd'hui bien moins puissant.

1. N. Thorpe & A. Shirmohammadi, « Herbicides and nitrates in groundwater of Maryland and childhood cancers : a geographic information systems approach », *J. Environ. Sci. Health C. Environ. Carcinog. Ecotoxicol. Rev.*, n° 23, 2005, p. 261-278.

2. J. J. Graff *et al.*, « Chemical exposures in the synthetic rubber industry and lymphohematopoietic cancer mortality », *J. Occup. Environ. Med.*, n° 47, 2005, p. 916-932.

3. Jean Ziegler, *Les Nouveaux Maîtres du monde*, Paris, Fayard, 2002.

Il a fallu attendre trente ans après la fin de la guerre du Viêt-nam pour enfin reconnaître, dans les anomalies génétiques, les malformations, les atteintes du système nerveux et les cancers qui touchent la population vietnamienne, le pouvoir mutagène de l'« agent orange » répandu par l'armée américaine sur la végétation. Ce « défoliant », comme il était nommé à l'époque, fabriqué par Monsanto et Dow Chemical, ne devait tuer que les arbres sous lesquels se planquaient les soldats vietnamiens. En fait, l'agent orange est non seulement cancérigène, mutagène, reprotoxique, mais aussi génotoxique : il peut, par exemple, faire muter le gène de la formation du bras, et faire naître un bébé sans membre supérieur, ou encore dont la croissance s'arrête à trois ans. La dioxine contenue dans ce défoliant n'est pas anodine. Selon *Le Monde* [1], en dix ans de guerre, de 1961 à 1971, les avions américains ont déversé 40 millions de litres d'agent orange, contenant environ 336 kilos de dioxine, sur 3 millions d'hectares de forêt, mangrove comprise. Or, d'après une étude de l'université new-yorkaise Columbia, rapportée par le quotidien, 80 grammes de dioxine suffisent pour empoisonner une ville de 8 millions d'habitants. Pour le moment, au Viêt-nam, on évalue entre 3 et 4 millions, sur trois

1. Enquête de Jean-Claude Pomonti, « Les oubliés de la dioxine », *Le Monde* du 27/4/2005.

générations, le nombre des victimes de ce qui fut la plus grande guerre chimique de l'histoire.

Les chimistes avaient réalisé ce qu'on leur demandait : un produit pour détruire les arbres. Que ce qui anéantit un arbre puisse contaminer le reste de la végétation, les fruits, les légumes et le sol nourricier, n'était apparemment venu à l'esprit de personne... ou plus probablement laissait indifférent : on était en guerre.

Les pesticides ont des principes actifs connus pour avoir des effets secondaires, comme tout principe actif. Ils sont généralement commercialisés après avoir été élaborés par les chimistes d'une société industrielle durant cinq à six ans. Mais ces produits contiennent aussi d'autres molécules, des adjuvants de formulation (ou synergisants) susceptibles d'amplifier leurs effets et de faire pénétrer les principes actifs toxiques dans les cellules de la plante ou de l'insecte – par le biais de propriétés détergentes aptes à les ronger, par exemple.

Du point de vue réglementaire, on teste essentiellement les principes actifs, pas ou peu le mélange final, l'adjuvant étant considéré comme un diluant inerte. Leurs effets sur la santé ont été fort peu pris en considération sur la longue route réglementaire où les industriels de la chimie pratiquent leur « lobbying » (on ne dit plus « pression sur le monde politique » en langage politiquement correct). Cette omission est caractéristique de la vision régnante : on ne se demande pas *comment* la molécule active peut accomplir sa mission ; ni si le mélange agira sur les cellules humaines comme il agit sur les plantes. Pourtant, il a bel et bien des effets nocifs sur l'homme.

En juin 2005, il a été démontré [1] que le premier désherbant du monde, le Roundup, utilise cette capacité d'intrusion des mélanges pour passer la barre des cellules et qu'il a des effets délétères sur le système hormonal et sur les lignées cellulaires issues de placenta humain : à des doses inférieures aux usages agricoles, il tue celles-ci en quelques heures ; à des taux dix à cent fois plus faibles, il perturbe la production des hormones sexuelles via une enzyme du placenta, l'aromatase ! Ainsi le mélange que constitue le Roundup a des effets supérieurs à son principe actif (le glyphosate) et à ses composés pris séparément.

Et dire que les trois quarts des OGM cultivés dans le monde (soja, colza, etc.) ont été modifiés afin de pouvoir tolérer le Roundup sans « griller » sur place, tandis que les autres plantes meurent sur-le-champ ! Ainsi, les zones d'ombre dans la

1. S. Richard *et al.* (équipe de G.-É. Séralini), « Differential effects of glyphosate and Roundup on human placental cells and aromatase », *Environ. Health Perspect.*, n° 113, 2005, p. 716-720.

réglementation ont permis l'application d'une sorte de « principe de non-précaution ». Des lacunes qui favorisent à la fois les profits de l'industrie *et* les maladies humaines...

Hippocrate travaillait sur les plantes médicinales, qu'on appelait autrefois les simples. Tous les botanistes, les chimistes et les pharmaciens savent aujourd'hui qu'une plante contient un mélange de principes actifs, souvent en grande quantité. Comme le disait Bachelard, les simples sont fort complexes. On sait pertinemment que ces mélanges peuvent potentialiser leurs effets, que les molécules agissent en synergie et que l'action d'un extrait de plante n'est pas du tout celle de telle molécule prise isolément. Mais l'industrie chimique n'a jamais pris en compte ce paramètre. Elle ne teste que le principe actif, isolément, selon un principe du XIXe siècle qui énonce : « c'est la dose qui fait le poison ». Au nom de quoi la réglementation se limite à la mesure des effets secondaires du seul principe actif, et non pas du mélange nocif. Et les industriels de vanter l'innocuité des doses utilisées sans tenir compte de ce qu'induit le phénomène de potentialisation...

Cette approche tourne le dos à une vérité centrale qu'ont cultivée philosophes et scientifiques, en Orient et en Occident : le tout est plus que la somme des parties.

Un jour, un laboratoire pharmaceutique demanda à Jean-Marie Pelt et à deux de ses collègues de déchiffrer la chimie de l'artichaut, qui entre dans la composition de divers remèdes pour les problèmes de foie. Le laboratoire n'avait pas obtenu l'autorisation d'exploitation d'un médicament, et il lui fallait mieux caractériser les composants chimiques de cette plante, comme la réglementation le demande. Les botanistes en ont alors découvert beaucoup, aux côtés d'un des mieux connus, la cynarine ! Testés individuellement sur des animaux, ceux-ci n'avaient pour la plupart aucun effet ! Ni augmentation des sécrétions biliaires ni effet diurétique, rien. Par contre, si on les associait par deux, trois, quatre, cinq, six, un nombre croissant de propriétés apparaissaient. Et c'est l'ensemble qui confère à l'artichaut ses propriétés, et c'est ainsi qu'agissent généralement les plantes médicinales. Autrefois, lorsqu'on enseignait la matière médicale, on soulignait toujours cette synergie des principes actifs, notée déjà par Paracelse. Mais nous ne savons pas grand-chose sur son mécanisme.

Autre exemple de cette singulière prééminence du tout sur la somme des parties : le perovskia, une superbe plante de la famille des labiées, qui participe de la beauté légendaire de l'Afghanistan. La route qui va de Kaboul à Paghman, lieu de villégiature des Kaboulis, traverse des contrées où foisonne à perte de vue cette herbe haute aux magnifiques fleurs mauves qui rappellent la lavande. Ces tapis mauves font partie des couleurs fétiches du pays, à l'instar du bleu azur qui recouvre les poteries en terre cuites d'Istalif. Notre équipe de botanistes[1] récolta du perovskia (ou sauge d'Afghanistan) afin d'analyser son huile essentielle, fortement odorante. Nous mîmes ainsi en évidence une surprenante « chimiodiversité », une myriade de molécules du groupe des terpènes, et les identifiâmes une à une. Confortant ce que l'on savait sur les propriétés des huiles essentielles, dont l'utilisation fonde une orientation thérapeutique, l'aromathérapie, des essais bactériologiques vinrent montrer que cette essence avait de fortes propriétés bactéricides. Les bactéries menacées par ses principes actifs ne parviennent pas à être sélectionnées et à s'adapter, comme elles le font si rapidement pour résister aux antibiotiques chargés de les détruire. Mais une essence telle que celle de perovskia est constituée de milliers de molécules qui exigeraient des bactéries mutées de nombreuses fois pour s'adapter à chacune d'elles. Chose impossible, et qui explique pourquoi les huiles essentielles issues de plantes médicinales conservent entre autres leurs propriétés bactéricides. Aussi comprend-on et approuve-t-on la

1. Jean-Marie Pelt et son collègue afghan Chafique Younos, qui lui a succédé à la tête du département de botanique de l'université de Metz.

sagesse du ministère de la Santé, qui désormais préconise la sobriété dans la prescription des antibiotiques – il était temps, de plus en plus de souches bactériennes finissant par être résistantes à tous les antibiotiques. Par contre, on s'étonne que ce même ministère veuille simultanément supprimer le remboursement de la plupart des médicaments issus de la phytothérapie et des préparations magistrales à base de plantes (teintures mères, gélules, comprimés, etc.), qui précisément peuvent être un substitut efficace aux antibiotiques.

Il en est de même avec la soupe de polluants atmosphériques dont les effets sur la santé sont différents de ceux de chaque constituant pris isolément. Bref la science gagnerait à s'ouvrir à la complexité...

La médecine du XXIe siècle va donc devoir détoxifier le corps humain des pollutions qui le corrompent, des stress qui l'oxydent et qui dérèglent les mécanismes généraux du métabolisme. Pourtant, chimie et médecine allopathique occidentale d'aujourd'hui semblent ignorer, ou en tout cas mésestimer les effets combinés, les effets d'accumulation, les effets dans le temps. Comme si la perspective scientifique se trouvait réduite à l'instant donné. Qui mettra au jour le processus des actions combinées et trouvera le moyen de diminuer la capacité des polluants de s'agréger au corps sera le Pasteur du XXIe siècle. Et il y a urgence.

Certains tempèrent le constat, en invoquant la marche du progrès et une sorte de pragmatisme ordinaire : on corrige les erreurs quand on les voit. Mais c'est là vouloir ne pas voir qu'on ne les corrige point, et qu'il aurait été autrement plus bénéfique et moins coûteux pour la collectivité – sur tous les plans, sanitaires et financiers – de les anticiper[1].

1. Voir l'ouvrage de Corinne Lepage et François Guéry, *La Politique de précaution*, Paris, PUF, 2001.

V

QUEL AVENIR POUR L'ESPÈCE HUMAINE ?

« Le paradoxe de la science est qu'il n'y a qu'une réponse à ses méfaits et à ses périls : encore plus de science. »

Romain Gary, *Charge d'âme*

Comment allons-nous réagir à toutes ces transformations de notre milieu de vie ? Notre organisme sera-t-il capable de s'adapter à toutes ces molécules chimiques ? Et si oui, alors à quel prix ? Ces substances artificielles ne risquent-elles pas, à terme, de faire muter l'espèce humaine ?

Explorons trois pistes, car il y a trois hypothèses pour l'avenir de celle-ci, comme pour chaque espèce vivante : l'adaptation, l'extinction ou la spéciation. Depuis que la vie est apparue sur terre, toutes les espèces qui y ont vécu ont été exposées à ces trois éventualités.

L'adaptation des êtres vivants aux conditions environnementales, même dégradées, est l'hypothèse la plus communément évoquée dans les débats scientifiques, les colloques, par ceux qui saluent le développement scientifique et technique, et considèrent qu'erreurs et excès sont inévitables (généralement en fin d'argumentation seulement). La science aurait-elle mal évalué les conséquences secondaires de certains produits chimiques ? Si toutes les études démontrant leurs effets délétères ne sont pas biaisées par des artefacts, « alors nos enzymes de détoxification hépatiques finiront bien par les éliminer », disent même certains scientifiques. Et nous développerions alors de plus en plus ces enzymes – simple hypothèse d'école. Car l'adaptation de toute une espèce grâce à certaines mutations (qui auraient alors exceptionnellement des effets positifs) s'accomplit sur des dizaines et des dizaines de générations, avec quelques individus seulement pour fonder de nouvelles colonies. Le reste de la troupe accumule des mutations délétères et est sacrifié aux affres de l'évolution. L'adaptation dans l'évolution n'est jamais documentée comme une transformation progressive et lente de tous les individus, mais comme la disparition de la plupart d'un groupe au profit de quelques chanceux.

Comment nous, biologistes, pourrions-nous accepter de favoriser la disparition de la plupart d'entre nous ? Car les conséquences d'une adaptation ne seraient pas si dissemblables de celles de l'extinction complète d'une espèce, ou pour le coup, au contraire, aucun survivant ne résiste. Disparaître : ce fut le cas de la plupart des espèces tout au long des temps géologiques ! Nous avons évoqué ces crises de la vie planétaire, en présumant que nous étions déjà plongés dans la sixième extinction. Nous sommes de ceux qui luttent pour faire prendre conscience du massacre, le limiter, l'éviter le plus possible.

Reste la spéciation. Avant d'aborder les risques de spéciation humaine, revenons un peu sur la notion d'espèce. Le principe de la classification des espèces remonte au XVIIIe siècle, quand le naturaliste suédois Carl von Linné proposa un classement des êtres vivants en les répertoriant chacun selon son genre et son espèce.

Plus tard, celle-ci fut caractérisée par trois critères : 1. les individus sont morphologiquement semblables : ils se ressemblent[1] ; 2. ils sont féconds entre eux ; 3. leurs descendants sont indéfiniment féconds entre eux, et non avec des individus d'autres espèces. Dans la réalité, au fil de la pratique naturaliste, on a trouvé des individus d'une espèce interféconds avec ceux d'une

1. Ce qui, notons-le, n'est pas vrai pour les chiens, par exemple, dont les races sont morphologiquement fort dissemblables. Mais ils sont interféconds si ces différences ne sont pas trop importantes – deuxième critère de l'espèce.

espèce très voisine (l'âne et la jument, le colza et la ravenelle, de nombreuses plantes, des espèces d'insectes ou d'oiseaux qui se croisent). Les barrières sexuelles entre espèces sont assez floues, très souvent inconnues, faute d'avoir été expérimentées puisque les zoologistes et les botanistes qui, à l'époque, décrivirent des espèces le firent sur les seuls critères morphologiques. L'importance des différences morphologiques chez certains individus de la même espèce amena à les classer dans deux espèces différentes : il en fut ainsi de la fourmi mâle et de la fourmi femelle, des abeilles ouvrières et de leur reine... Grâce à la génétique, à la biologie moléculaire, mais aussi à la biologie de l'évolution et du développement, beaucoup d'erreurs ont pu être corrigées depuis.

La spéciation, donc, se caractérise à partir du moment où deux individus qui présentaient des caractères semblables ont suivi des évolutions divergentes au point qu'ils ne peuvent plus se reproduire ensemble. Exemple : les lions et les guépards sont des mammifères qui ont un même ancêtre lointain mais ne peuvent se reproduire entre eux. Chez l'homme, on constate aussi une tendance biologique à la spéciation fondée sur des différences sociales et culturelles. On s'aperçoit, par exemple, qu'il y a de moins en moins de points communs entre les petits enfants du Maghreb ou d'Amérique du Sud et ceux des cinquante premières fortunes du monde. Les mariages entre individus des deux groupes sont statistiquement peu probables. Certains ne manqueront pas de bondir et d'avancer que l'isolement des classes, les castes, les barrières sociales et culturelles ne sont pas des spéciations de l'espèce, car elles n'entraînent pas d'absence d'interfécondité biologique : une Africaine miséreuse pourrait faire un enfant avec Bill Gates. Ici, il s'agit plutôt d'une absence totale de croisement. Pourtant, est-il encore question de lutte des classes quand ceux que l'on nommera par commodité « la sous-espèce des cinquante premières fortunes » pensent déjà au clonage de leur descendance, ou font appel aux banques de sperme des Prix Nobel en établissant leurs propres critères esthétiques et les qualités intellectuelles requises. Fiction, nous direz-vous ? Non, simple anticipation. La sélection a commencé, le tri de gènes est déjà une réalité. Et quelques figures emblématiques font recette avec de telles idées. Nous y reviendrons dans le prochain chapitre.

Lee Silver, professeur de biologie moléculaire à l'université de Princeton, évoque cet horizon proche, et inéluctable à ses yeux : que les parents dotés de moyens financiers – du genre Américain blanc protestant – veuillent et puissent bientôt doter leur futur enfant d'un capital génétique amélioré. Du moins le croiront-ils en payant fort cher le généticien qui se prêtera à ce jeu. Pour que cet investissement ne soit pas ensuite « gâché » par une union malvenue entre cet enfant amélioré avec un enfant normal – du genre immigré latino-américain catholique ou Noir musulman –, certains proposent de modifier les moyens de reconnaissance entre spermatozoïdes et ovules pour empêcher l'interfécondité entre certains groupes humains, les enfants génétiquement améliorés et les enfants normaux, par exemple ! L'association « transhumaniste » mondiale[1], la société savante internationale des « extropians », les posthumanistes, l'Institut de l'immortalité, tous sont prêts à se servir des quelques scientifiques consentants, des nouvelles technologies, en particulier des nanotechnologies, pour améliorer et changer l'humanité, et, selon leurs termes, rompre avec les vieux dogmes, les religions et philosophies limitatives. Lee Silver expose tranquillement la possibilité d'une humanité qui se diviserait en deux espèces, les GenRich, ou *homo dives,* riches d'un patrimoine génétique amélioré (grâce à leurs moyens financiers), et les Naturels, ou *homo naturalis*, au patrimoine génétique « d'origine », celui dont nous sommes aujourd'hui constitués[2]. Le scientifique

1. Voir www.transhumanism.org
2. *Re-Making Eden*, New York, Avon Books, 1998.

américain enfonce le clou dans son dernier livre : « De manière plus significative, la biotechnologie – l'enfant utile de la biologie moléculaire – donne à l'“homme” une puissance quasi illimitée, tel un animateur semblable à Dieu qui peut changer et créer de nouvelles formes de vie[1]. » Il déplore ensuite que des croyances spirituelles ou des considérations éthiques puissent limiter toutes ces aspirations.

Parallèlement, des programmes de recherche contre le vieillissement sont mis en œuvre : il s'agit de régénérer et d'« éterniser » des chromosomes, d'enrichir les spermatozoïdes avec des gènes susceptibles de limiter la dégradation des tissus et certaines maladies (SMGT pour *sperm-mediated gene transfer*)[2].

Comme le souligne le philosophe Dominique Bourg, « la satisfaction de cette demande, rendue possible par la technologie disponible et le marché, aboutirait à une modification profonde de la situation réelle et symbolique qui est celle de la condition humaine. Depuis la disparition de l'*Homo sapiens neandertalis*, il existe en effet un seul genre humain et une seule espèce humaine.

1. *Challenging Nature : The Clash of Science and Spirituality at the New Frontiers of Life*, Ecco, mai 2006. Traduction de G.-É. Séralini.

2. K. Smith et C. Spadafora, « Sperm-mediated gene transfer : applications and implications », *Bioessays*, n° 27, 2005, p. 551-562.

Avec l'hypothèse envisagée – une spéciation à partir de manipulations du génome en laboratoire –, nous aboutirions, au bout de quelques générations, à la situation suivante : un genre humain avec deux espèces. On voit bien que les possibilités ouvertes par ces technologies génétiques s'écartent des perspectives traditionnelles du progrès [1] ».

Que des pratiques s'affinent, dans les laboratoires de l'INRA et ailleurs, sur les animaux fait assurément partie du travail de la recherche : souris transgéniques pour servir de modèles dans les maladies génétiques, bactéries modifiées pour comprendre le rôle des gènes, plantes transgéniques de serre pour mieux saisir les mécanismes de la photosynthèse... D'autres pratiques sont plus discutables, car elles sont agressives pour l'environnement : plantes tolérantes à un ou plusieurs herbicides, saumons génétiquement modifiés, constitutivement dopés à l'hormone de croissance, etc. Une troisième catégorie, enfin, présente des avantages mitigés, donc discutables : obtenir des animaux d'élevage moins susceptibles de développer certaines maladies, comme l'encéphalopathie spongiforme bovine, ou maladie de la vache folle. Mais une nouvelle lignée serait sans doute moins résistante à d'autres maladies.

1. Dominique Bourg et Jean-Louis Ermine, « Un essai de typologie », voir www.developpement.durable.sciences-po.fr

Cependant, au nom de l'utilitarisme, nous nous trouvons embarqués dans un vaste et puissant mouvement d'intervention sur le génome, végétal, animal et humain. Dans un premier temps, ce « progrès » est perçu comme indispensable, vital même : il s'agit notamment de guérir certaines maladies génétiques. Dans un second temps, on parle de corriger de simples « défauts » pour « améliorer les individus » (intervention sur des gènes défaillants ou manquants, ou des risques pathologiques possibles). On peut d'ores et déjà trier les embryons après fécondation in vitro selon plus d'une centaine de critères potentiels (supprimer les embryons porteurs de gènes mutés, qu'on détecte dans certains cancers familiaux, rares, du sein ou du côlon, chez certains patients atteints de la maladie d'Alzheimer, dans des dystrophies musculaires ou des atrophies du système nerveux, des immunodéficiences sévères par exemple). Certaines maladies monogénétiques existent bel et bien, et des familles seront ainsi soulagées. De là à ce qu'il n'y ait aucune dérive, il y a un grand pas.

Ainsi, la possibilité d'une spéciation de l'homme existe bel et bien déjà. Alors ne nous voilons pas la face, nous risquerions d'être placés devant le fait accompli.

Cela commencera, à n'en pas douter, par des petits comités, dans la discrétion de « clubs de cloneurs » ou d'associations de « sélectionnés génétiques ». Seule notre conscience, c'est-à-dire notre spécificité humaine, peut nous permettre d'y résister. Rappelons-nous que toutes les espèces vivantes sont nées de quelques êtres, et que certaines sont devenues envahissantes au détriment de l'environnement (à commencer par l'espèce humaine, qui a la possibilité de corriger le tir, ou de *Caulerpa taxifolia*, l'algue résistante qui a envahi une partie de la Méditerranée, ou encore de la perche du Nil dans le lac Victoria, en Tanzanie). Si nous ne redoublons pas d'efforts et de vigilance pour préserver l'espèce humaine dans la riche diversité de ses membres, nous fonçons droit vers une spéciation d'un genre nouveau, une grande première dans l'histoire de l'humanité : les hommes ayant accès à la modification génétique « amélioratrice » et les autres. Ensuite, il n'y aura plus qu'à franchir un autre pas dans ce domaine : la réduction des capacités mentales à quelques fonctions utiles, et nous obtiendrons une troisième espèce, les esclaves consentants, ou mieux, qui ignorent leur condition. Les nouvelles de Philip K. Dick et les romans d'Aldous Huxley pourraient alors devenir réalité.

L'évolution suivant son cours, nous ne sommes pas non plus à l'abri d'une spéciation « naturelle », sous l'influence du milieu. Selon Darwin, de nouvelles conditions de milieu sélectionnent un nouveau type d'homme... On peut aussi imaginer une petite communauté humaine exposée à des agents mutagènes ou à des radiations, dont la plupart des membres seraient malades, ou pas, mais dont les enfants survivants seraient biologiquement différents des parents. Comme aux alentours de la mer d'Aral avec les pesticides, de Tchernobyl avec les résidus chimiques radioactifs, de Seveso avec les dioxines, au Viêt-nam avec les enfants malformés ou débiles, contaminés par l'agent orange[1]. Les mutants survivants pourraient-ils se reproduire entre eux ? seulement entre eux ? et fonder alors des colonies, point de départ d'une nouvelle espèce ?

Notre évolution n'est pas arrêtée. Et nous pourrions choisir de l'influencer. En régénérant notre environnement ou en sélectionnant notre descendance ?

1. S. Lloyd-Roberts et E. Anbarasan, « Mer d'Aral : dépasser les gâchis du passé », *Courrier de l'Unesco*, janvier 2000 ; F. Lemarchand, *La Vie contaminée*, Paris, L'Harmattan, 2002 ; G. Grandazzi et F. Lemarchand, *Les Silences de Tchernobyl*, Paris, Autrement, 2004.

VI

QUELLE HUMANITÉ VOULONS-NOUS ?

« *Du point de vue de l'histoire de la terre, il ne s'agit là que d'un épisode, mais du point de vue de l'histoire de l'homme, cela peut signifier le naufrage tragique de la plus haute culture, sa chute dans un nouveau primitivisme, dont la responsabilité nous incomberait.* »

Hans Jonas, *Une éthique pour la nature*

À ce stade, il est essentiel de nous entendre sur les objets de nos interrogations scientifiques et éthiques. Qui sont aussi et surtout les objets de nos doutes et de nos craintes. Levons la confusion que peuvent entretenir les mots cellule souche, cellule souche embryonnaire, zygote, embryon, clonages thérapeutique et reproductif. Confusion que l'on voit sourdre aussi bien dans les débats théologiques que dans les propos des scientifiques, lesquels n'en ont pas les mêmes définitions selon qu'ils sont biologistes de la reproduction humaine ou botanistes, par exemple. Confusion qui nuit à la parole de tous et qui brouille l'établissement de critères pour le respect et la dignité de la vie, du gène à la personne, en passant par les animaux de laboratoire.

Tout d'abord, précisons que la reproduction des êtres vivants n'est pas exclusivement sexuée. Microbienne, végétale ou animale, la reproduction n'est pas toujours le fruit d'un acte sexuel. Un embryon de plante ou d'animal peut être issu d'une reproduction végétative. Après tout, les cellules de l'organisme possèdent le patrimoine héréditaire qui leur permet de refaire un individu. Ce sont les cellules méristématiques (présentes à l'extrémité des tiges, par exemple) qui peuvent devenir des embryons de plantes si on leur permet de pousser, ce que font tous les jardiniers qui bouturent. À terme, on ne peut les différencier de l'embryon de plante obtenu par fécondation sexuée (grâce aux insectes pollinisateurs, par exemple). Ces cellules ont, comme l'embryon, toutes leurs capacités, dites embryonnaires, de reformer un individu.

Autre forme de reproduction non sexuée, très assistée celle-ci : nous pouvons vider un ovule (la cellule sexuelle femelle) de son noyau et remplacer celui-ci par un autre noyau cellulaire, animal ou humain : un œuf se formera qui pourra aboutir à un nouvel être. Si cet œuf est implanté dans un utérus, il s'agit de clonage reproductif.

On s'accorde donc pour définir l'embryon comme un être vivant qui se développe à partir d'un œuf. C'est un organisme en développement qui est issu le plus généralement du zygote (l'œuf), résultant de la rencontre d'un ovule et d'un spermatozoïde, sauf dans les manipulations que nous venons de décrire. Chez les humains et les animaux, cet embryon devient, après quelques semaines de gestation, un fœtus.

On a découvert et de mieux en mieux caractérisé ces dernières années un phénomène qui semble universel : les animaux et humains, jeunes ou adultes, abritent dans leurs organes des cellules dormantes qui ont conservé leurs caractéristiques embryonnaires ! Ces cellules possèdent la capacité spectaculaire de régénérer les tissus, voire des organes, dans certaines conditions très particulières de stimulation que les chercheurs s'efforcent de comprendre et de reproduire. Ainsi le foie a la capacité de repousser en continu, la moelle osseuse aussi. Et l'on vient de constater ce phénomène dans le rein et le cerveau ! Ce sont de telles cellules souches qui régénèrent un organe lésé, mais aussi la queue d'un lézard s'il l'a perdue ou si on la lui coupe.

Observons un embryon aux tout premiers stades de sa division et jusqu'au quatorzième jour de la gestation. Si l'on sépare ses cellules, on remarque que celles-ci conservent leur potentialité à se développer en organisme distinct. On peut, en les réimplantant dans un utérus, faire des jumeaux. C'est un clonage reproductif, différent de celui qui consistait à remplacer le noyau de l'ovule. Nous l'avons réalisé à partir de cellules souches embryonnaires – elles sont dites totipotentes, c'est-à-dire qu'elles peuvent tout. En les multipliant par clonage, elles peuvent aussi servir à reconstituer les tissus malades ou accidentés d'une personne. Ces techniques deviennent alors du clonage thérapeutique, sur lequel sont aujourd'hui fondés de grands espoirs de guérison. On peut cloner un embryon dans ce dessein. Le clonage est un copiage génétique, sans copulation, de gènes, de cellules ou d'organismes, à l'identique. Le bouturage en fait partie, comme deux frères vrais jumeaux sont aussi des clones naturels.

L'intervention sur le noyau de la cellule a ouvert la voie à l'intervention sur le génome. Une modification génétique consiste à intervenir sur l'ADN du noyau d'une cellule, en en modifiant un fragment : généralement soit la place d'un ou de plusieurs gènes, soit leur nombre, par ajout ou, plus rarement, par retrait. On parvient difficilement à refaire deux fois la même modification au même endroit sur l'ADN, car on contrôle très mal, voire pas du tout, le lieu où un gène ajouté (le transgène) va s'insérer ; or sa place peut être déterminante pour son fonctionnement.

Il est ainsi possible de modifier génétiquement un être (plante, animal ou homme) et de le multiplier par clonage. L'obtention de cette multiplication est censée, à terme, servir la recherche fondamentale, ou la médecine, ou la recherche appliquée. Il faut aussi rentabiliser l'investissement financier car ces techniques sont fort coûteuses. Les éleveurs, par exemple, attendent beaucoup de l'amélioration des races par de telles manipulations.

On peut introduire dans une cellule des gènes issus d'un autre être vivant, sans barrière entre les espèces et les règnes (par exemple : un gène d'araignée dans une chèvre, un gène d'homme dans un maïs ou une levure), et le nouvel être constitue une chimère génétique, plus communément nommée OGM (organisme génétiquement modifié, dit transgénique). Les plus répandus sont le soja tolérant au Roundup et le maïs Bt résistant à la pyrale, un insecte ravageur, qui tous deux contiennent des fragments de gènes de bactéries et de virus de plantes.

On ne doit pas confondre chimère génétique et chimère cellulaire, laquelle résulte de l'association de cellules embryonnaires provenant d'organismes différents, qui se répartissent dans les organes et se différencient à leur tour : l'individu est ainsi constitué de tissus cellulaires d'origines génétiques différentes. Un même organe peut donc être composé de cellules d'origine humaine, porcine, d'embryons divers... Dans les années 80, des chimères caille-poulet ont été réalisées à titre expérimental, qui ont permis d'éclairer la différenciation tissulaire : l'endroit où des cellules vont être ajoutées dans l'embryon reconstitué détermine l'organe dans lequel elles vont se développer. On pourrait ainsi imaginer d'associer des cellules d'embryon humain et de souris : en intégrant lesdites cellules au sein de l'embryon, dans une zone précise devant former les testicules de l'animal, on pourrait obtenir une chimère de souris éjaculant des spermatozoïdes humains, ou l'inverse ! Un projet évidemment inacceptable dans notre éthique.

Enfin, il ne faut pas confondre une chimère avec une xénogreffe, qui est une tentative de greffer sur l'homme un organe provenant d'un animal. Par manque de donneurs humains, on a ainsi tenté de greffer des cœurs de porcs sur des malades, mais sans succès, du fait des problèmes immunitaires et viraux.

Une fois ces différents objets clarifiés, voyons quelles questions éthiques soulèvent leurs applications pratiques.

Une cellule souche, issue d'un tissu (quelconque) d'organisme adulte, est prélevée et cultivée dans le but d'améliorer nos connaissances sur le fonctionnement de la vie, de mener à bien des recherches expérimentales, par exemple pour régénérer tissus et organes, etc. Elle est en somme une cellule ordinaire capable de se diviser abondamment. Et de se différencier. Sa manipulation ne pose aucun problème éthique. Mais celle d'un zygote humain soulève une question autrement grave : touche-t-on à un homme en devenir ? À quel stade situe-t-on l'émergence du caractère humain, la qualité de personne humaine : dès la conception ? À un niveau de division cellulaire précis ? Après le quatorzième jour, lorsque les cellules se spécialisent vraiment ? À douze semaines, date légale ultime de l'avortement en France ? Plus tard encore ? Faut-il revenir à la règle de l'*infans conceptus* des Romains, selon laquelle tout enfant conçu avait des droits, y compris celui d'hériter de ses parents avant d'être né ?

Quand le zygote est humain, il porte en germe une personne humaine. L'Église catholique est catégorique : on ne touche pas à la personne humaine, qui est considérée comme telle dès sa conception. De plus, cette personne est en puissance un être unique de par son génome, issu du spermatozoïde et de l'ovule : aucun spermatozoïde issu du père ni aucun ovule issu de la mère ne possède la même combinaison génétique. Chaque ovule, chaque spermatozoïde est unique, donc chaque zygote aussi, comme la personne qui en provient.

La loi permet d'intervenir (par l'avortement notamment) sur l'embryon jusqu'à la douzième semaine, au-delà de laquelle celui-ci devient un fœtus. Dans le cas d'une fécondation in vitro, elle autorise le tri des embryons, dans le but d'éviter certains gènes mutés, connus pour provoquer des déficiences génétiques. Une question demeure, celle des nombreux embryons surnuméraires qui finissent dans les congélateurs... car pour qu'une fécondation in vitro réussisse il faut multiplier les chances en fécondant plusieurs ovules. Et pour un embryon implanté, il y a de nombreux ovules fécondés conservés au froid [1].

Considérons un zygote humain au stade des cellules souches embryonnaires : s'il poursuit son développement jusqu'à son terme, nous nous trouvons dans un cas de reproduction normale ; mais s'il n'est pas réimplanté, ce qui est souvent le cas lors d'une fécondation in vitro [2], alors pourquoi ne pas l'utiliser comme des cellules souches ? Dans son dernier ouvrage [3], le professeur Bernard Debré nous engage à puiser dans ce réservoir d'embryons

1. En France le stock (variable) d'embryons congelés résultant des fécondations in vitro est de l'ordre de 100 000.

2. La technique peut aller parfois jusqu'à introduire mécaniquement, avec une pipette, des cellules sexuelles mâles dans l'ovule, prélevées directement dans le testicule, si l'homme ne produit pas de spermatozoïdes. Cette technique interventionniste, nommée ICSI, est utilisée dans des cas d'infertilité masculine pour faire des enfants biologiques, porteurs des gènes parentaux.

3. *La Revanche du serpent ou la Fin de l'homo sapiens*, Paris, Le Cherche Midi, 2005, p. 14.

surnuméraires – personnes potentielles, mises au congélateur, en catimini de la société, dans l'isoloir meurtri des familles –, et ce pour reconstituer des organes. Pourtant, contrairement aux affirmations de Bernard Debré, il n'est toujours pas possible (à la date à laquelle nous publions le présent ouvrage) « d'utiliser des cellules souches pour recréer des organes entiers, exempts de toute malformation ». In vitro, on atteint juste les tout premiers stades de cultures cellulaires spécialisées, qu'on peut réimplanter, mais dans des organes existants. Une équipe coréenne a récemment laissé espérer le contraire (elle avait réalisé onze tissus humains in vitro à partir d'un embryon cloné), mais ses résultats falsifiés ont été dénoncés depuis : c'est la triste et sombre affaire du Dr Hwang, démissionnant et s'excusant auprès de la communauté scientifique, à Noël 2005.

Par contre, on peut imaginer le clonage de cellules embryonnaires d'une personne pour la soigner, en évitant ainsi les problèmes de rejet du système immunitaire : on prend simplement le noyau d'une de ses cellules et on le fait se développer dans une cellule sexuelle de femme ou de mammifère (une firme américaine a tenté l'expérience, sans succès, avec des ovules de vaches, dans le dessein de reconstituer la moelle d'une personne accidentée).

Nous touchons ici la frontière entre clonage thérapeutique et clonage reproductif. Dans les deux cas, on utilise ce qui est devenu un embryon humain, mais dans le premier on génère un embryon par clonage pour produire des cellules souches embryonnaires humaines, alors que dans le second c'est pour créer, après réintroduction dans un utérus, un nouvel être vivant.

Le clonage thérapeutique permet d'implanter des cellules d'un individu chez un autre – on greffe bien des organes, pourquoi ne pas implanter des cellules ? Se pose alors la question du statut de ces cellules : si elles proviennent d'un zygote, qu'en est-il de cet homme en germe, et qui n'en deviendra donc jamais un ? Un décret, paru au *Journal officiel* en février 2006, demeure assez subjectif et restrictif : il autorise les recherches sur les embryons humains à condition qu'elles soient « susceptibles de permettre des progrès thérapeutique majeurs » et qu'elles ne puissent « être poursuivies par une méthode alternative d'efficacité comparable ». Pourtant, l'avortement est légalisé, qui élimine le fœtus issu de l'embryon, ce qui n'est pas une mince contradiction. Si nous allons plus loin dans le développement des cellules, comme on peut réimplanter l'embryon cloné dans l'utérus d'une mère porteuse pour faire du clonage reproductif... ne pourrait-on faire des clones humains qui servent de médicaments, de boîtes à outils ? Il suffirait alors de s'approvisionner chez son clone en pièces de rechange, cœur, foie, poumons, ou en cellules embryonnaires s'il n'est encore qu'un embryon...

Après tout, l'histoire de l'homme étant une longue trajectoire d'exploitations..., pourquoi ne pas exploiter aussi son propre clone ou celui d'un autre ?

C'est le 16 août 2000 que le gouvernement britannique a donné l'autorisation de cloner des embryons humains à des fins thérapeutiques. Ce pays est alors devenu leader dans le domaine, tout comme il l'avait été avec la technique de reproduction in vitro. Le professeur Jean-François Mattéi, rapporteur des lois sur la bioéthique de 1994, a réagi en déclarant que cette décision « illustre une philosophie utilitariste de la vie pour laquelle la fin justifie les moyens. [...] Elle implique le sacrifice de certaines vies pour en sauver d'autres avec de graves conséquences éthiques et morales pour l'évolution de notre société. [...] Il est regrettable que cette décision soit prise en dehors de tout consensus international sur le sujet, alors même que d'autres voies semblent s'ouvrir à partir de cellules indifférenciées prélevées chez l'adulte dont l'utilisation ne pose pas du tout les mêmes problèmes [1] ».

En 2005, à la suite d'une longue bataille juridique, la plus haute cour britannique a autorisé le recours aux « bébés-médicaments », triés génétiquement pour soigner un frère ou une sœur

1. *Le Monde* du 19/8/2000.

atteint d'une maladie grave – cette pratique a déjà cours aux États-Unis. En 2003, Raj et Shahana Hashmi ont voulu un enfant – sain – afin de prélever sur lui des cellules qui permettraient de soigner le petit Zaïn, atteint de bêtathalassémie majeure (hémoglobinopathie héréditaire). Le groupe de réflexion sur les questions bioéthiques Comment on Reproductive Ethics avait contesté la décision de la première cour, et des groupes antiavortement avaient fait appel, craignant que cette décision ne conduise à la naissance d'enfants conçus uniquement dans le but de fournir des pièces de remplacement pour d'autres. En vain.

En 2005 encore, le même gouvernement a autorisé l'équipe qui avait donné naissance en 1996 à la brebis clonée Dolly (morte au début de l'année 2003[1]) à cloner des embryons humains, en vue de produire des cellules souches embryonnaires pour étudier des traitements des affections neurodégénératives. À la différence d'une utilisation d'embryons humains excédentaires issus de la fécondation in vitro, donc fruits d'un projet parental, on va ainsi créer par clonage des embryons humains à des fins scientifiques ou médicales. En février de la même

1. Le 5 juillet 1996, au Roslin Insitute, à Édimbourg, naissait le premier mammifère cloné à partir de cellules adultes : une brebis nommée Dolly. Alors que ces animaux vivent en moyenne onze à douze ans, Dolly est morte à six ans et demi, après avoir développé très tôt des maladies généralement associées au vieillissement.

année, toujours au Royaume-Uni, un groupe de scientifiques très en vue et d'entrepreneurs [1] (des brevets ont été déposés et obtenus) ont appelé à créer une fondation de charité pour promouvoir la recherche sur les cellules embryonnaires humaines. On voit déjà que l'obtention d'une quantité suffisante d'ovules féminins n'est pas sans poser elle aussi des problèmes d'ordre éthique.

Le gouvernement espagnol a annoncé aussi son intention de légaliser le « bébé médicament » (la croissance de l'embryon ne pourra légalement excéder quatorze jours). Il s'agit de sélectionner parmi des embryons (obtenus par fécondation in vitro) un futur bébé aux caractéristiques immunitaires spécifiques. Par exemple, les cellules sanguines de l'enfant à naître auront été sélectionnées en vue d'être greffées chez la sœur ou le frère aîné souffrant d'une leucémie. Qui ne comprendrait qu'on veuille guérir un enfant ? Mais que penser et comment penser une telle intention, une telle finalité ? Faire un enfant pour guérir un aîné malade... Une telle pratique ouvre-t-elle une page nouvelle des affections psychologiques, celle de l'« enfant de secours » face à l'« enfant ordinaire » ? Le débat est ouvert.

S'il nous paraît légitime d'aider les parents atteints de maladies génétiques à avoir des

1. Parmi eux : Sir Richard Branson (Virgin Group), le très médiatique Lord Robert Winston, spécialiste de la fertilité, le président de la Royal Society, Lord Robert May, et le Pr Steve Jones, généticien, auteur de best-sellers.

enfants « normaux », grâce à la technique du tri d'embryons, l'usage de celle-ci pour des parents ou des familles saines reviendrait à une pratique eugénique dont les critères ne peuvent être que relatifs, et donc condamnables. Qui accepterait de détruire in utero un être sous prétexte qu'il risque de développer à l'âge adulte ou dans sa vieillesse un cancer ou une maladie neurodégénérative, quand on est aujourd'hui loin d'être certain de la prépondérance des facteurs génétiques dans ces types de pathologie ?

Certes, le Pr Debré énonce que 25 % des cancers sont d'origine génétique, mais d'où tient-il cette (sur)estimation, qui lui permet d'avancer qu'on pourra bientôt savoir si l'enfant à naître court le risque, à l'âge adulte, de développer un cancer ? Un homme âgé sur deux développe aujourd'hui les marqueurs positifs du cancer de la prostate, doit-on pour autant tuer un futur homme sur deux in utero ? Ou bien se préoccuper de l'alimentation, de l'environnement, etc., qui ont une lourde part de responsabilité dans l'apparition de tumeurs malignes ? La médecine sait à quel point le « terrain individuel » de l'un n'est pas celui du voisin ; des prédispositions identiques chez deux personnes n'aboutissent pas aux mêmes effets au cours de leur existence. Le terrain individuel est tributaire de l'histoire de la personne, de son tempérament, de son mode de vie, de sa situation géographique, etc.

L'avenir n'est pas écrit dans nos gènes : la prédestination n'y a qu'une toute petite place. Nous découvrons tous les jours à quel point il ne suffit pas d'avoir un gène pour qu'il soit actif, utilisé, efficace : les gènes sont organisés en réseaux fluctuants, variables dans le temps, et ils sont pour l'essentiel mis en œuvre sous l'influence de l'environnement (chaleur, froid, pollution, virus, etc.). C'est cette interaction, et non les gènes en tant que tels, qui joue un rôle prépondérant dans la plupart des maladies qui réduisent l'espérance de vie dans nos sociétés. Dans la vie quotidienne, il en va des gènes comme du cerveau : nous n'utilisons pas toutes nos capacités et ce sont les conditions environnementales qui les activent ou non, plus ou moins doucement, plus ou moins fortement (ce qui a des conséquences sur l'expression d'une maladie ou non). En langage scientifique : les protéines signaux appuient sur les séquences dc régulation des gènes. Quant aux « fautes d'orthographe » des gènes que prétend corriger la médecine de demain, elles sont difficilement identifiables, chaque homme portant ses gènes avec peu ou prou de variations par rapport à son voisin – c'est ce que l'on nomme l'« identité génétique ».

Une manipulation d'un ou de plusieurs de nos gènes nous donnerait un avantage dans un contexte, mais aussi un désavantage dans un autre que l'on ne peut pas prévoir : en Afrique, on a par exemple découvert de manière inattendue qu'une certaine mutation sur le gène permettant la formation de l'hémoglobine favorise l'anémie si elle est retrouvée sur les chromosomes issus du père et de la mère, mais protège contre la malaria si le gène n'est muté que sur l'un des deux chromosomes parentaux. De plus, il faut tenir compte des nouvelles découvertes : 45 % du matériel héréditaire de nos chromosomes est susceptible de se déplacer, et n'est pas constitué en gènes mais en transposons, des sortes de gènes « sauteurs ». Comment peut-on alors faire croire au public qu'on a en main les clés du domaine quand la science n'a identifié que moins d'une centaine de maladies génétiques sévères chez l'enfant, c'est-à-dire des maladies dont elle a analysé l'origine génétique et les conséquences de la ou des mutations dans un environnement donné.

Passons maintenant au second cas, celui du clonage reproductif, où nous obtenons un clone humain, une copie quasi conforme de l'homme ou de la femme source de la cellule clonée. Comme de vrais jumeaux ou jumelles mais décalés dans le temps. Si, par exemple, on réimplante l'ovule porteur du clone dans l'utérus de la donneuse du patrimoine génétique... la mère accouchera de sa sœur jumelle ! On perçoit tout de suite que ces pratiques soulèvent de nombreuses questions ! Bien sûr un même patrimoine génétique ne réagira pas de la même façon à l'environnement et donnera deux êtres avec des différences physiologiques, mais minimes. Car le patrimoine génétique n'est pas un programme immuable ; il réagit, se modifie, de façon très complexe. Le génome est en dialogue permanent avec l'environnement. C'est ainsi qu'un clone ne peut être identique à l'être dont il est issu.

Doit-on laisser se développer les cellules souches embryonnaires, et jusqu'à quand ? Sont-elles manipulables à souhait ? Ces interrogations sont au centre des débats des généticiens, dont nous estimons qu'ils concernent tout le monde, Église comprise : ce dossier doit être instruit par les chercheurs, les médecins, mais aussi par la société dans son ensemble.

Pourtant, voici un bel exemple de messianisme, que l'on doit à Marc Peschanski, chercheur en neurobiologie, à propos de la liberté d'engager des recherches sur l'application des cellules souches embryonnaires humaines à des fins thérapeutiques[1] : « Le refus, à présent minoritaire, de quelques pays apparaît comme le combat d'arrière-garde de forces particulièrement réactionnaires. [...] Pour ce qui nous concerne, l'ouverture des financements européens [...] démontre que nous sommes aujourd'hui sortis des années noires de la biologie. 2005 est clairement l'an I de cette nouvelle ère. »

1. *Le Monde*, réponses aux questions de Jean-Yves Nau, 11/2/2005.

Après une telle déclaration, comment établir avec le recul et la sérénité requis des critères concernant l'utilisation des embryons ?

D'un point de vue éthique, doit-on distinguer les embryons humains selon leur origine cellulaire – s'agit-il d'un zygote ou d'un œuf manipulé ? En d'autres termes, doit-on distinguer un embryon provenant de l'accouplement d'un père et d'une mère d'un autre obtenu par développement provoqué et accompagné d'une cellule ? Voire cloné ? Et comment opérer cette distinction ? L'Église énonce qu'un clone doit être considéré comme une personne humaine à laquelle ne peuvent être refusés les sacrements. Est-il important que l'embryon ait grandi dans un utérus hébergeur, mécanique [1], animal, pour son développement ?

Si l'on prélève une cellule sur un bébé mort-né pour réaliser un clone, elle aura le patrimoine génétique transmis par les parents biologiques du bébé : en quoi le clone serait-il différent de l'enfant mort-né ? Où placer l'interrogation éthique ? Dans la nature de l'œuf ? dans le mode de reproduction ? La question se pose-t-elle ainsi entre zygote et clone ? Entre clonage thérapeutique à partir de cellules de zygotes surnuméraires (congelés ou non après fécondation in vitro) et de clones réalisés pour la circonstance ?

1. Le Japon a un important programme de recherches sur la mise au point de matrices artificielles.

Étendons la comparaison à l'avortement : la loi autorise l'élimination d'un être potentiel à un stade plus développé que celui du petit lot de cellules dont on nous dit que ce n'est pas bien d'y toucher... N'y a-t-il pas quelque paradoxe à être pour l'avortement et contre le clonage thérapeutique ? Dans les deux cas, ne manipule-t-on pas des embryons pour le bien-être des adultes ? Encore que dans le premier cas on l'élimine simplement et que, dans le second, on le sacrifie à des fins thérapeutiques.

Revenons au clonage reproductif humain, qui pose aussi la question de la régression de l'espèce. En effet, le clonage est un mode de reproduction végétative courant chez la plante. Par contre, chez l'homme, il constitue une régression physiologique et ontologique. Dans l'incessante évolution des espèces, la reproduction sexuelle permet le brassage génétique. Elle nous a amenés au degré de sophistication que possède notre corps. Dans cette perspective, le clonage reproductif est une régression autrement plus grave qu'un mariage consanguin : on se reproduit avec soi-même. Nous savons, par les expériences sur les animaux, que dans près de 98 % des cas il engendre des anomalies physiologiques et/ou génétiques. À l'INRA, notamment, des clones de brebis, vaches, moutons sont nés avec beaucoup de malformations. (Certains sont encore vivants.)

Nous en connaissons au moins une raison : le clonage est une copie génétique de l'individu source, mais une copie qui a l'âge de la manipulation : le clone hérite de chromosomes d'occasion... L'étude du vieillissement des animaux clonés en est à ses balbutiements, mais il semble qu'il soit souvent anormal et plus rapide que chez les individus issus de fécondations. Parce que la technique du clonage occasionne beaucoup d'anomalies – et peut-être de manière constitutive –, l'utiliser ou la banaliser dans les méthodes de reproduction assistée pour l'espèce humaine relève pour nous de l'ordre du crime contre l'humain.

Officiellement le clonage reproductif humain est interdit, mais nul ne doute que des expérimentations de ce type aient cours. De même que de multiples expériences de modifications génétiques sur l'embryon humain. Aux États-Unis, dans le New Jersey, pour pallier une déficience génétique, l'expérience suivante a été menée à bien : l'ovocyte d'une femme porteuse de mutations graves dans ses mitochondries reçoit celles issues d'une femme saine, puis il est fécondé par un spermatozoïde. Une trentaine de bébés sont nés grâce à ce procédé depuis 2001. Ces enfants ont donc deux mères et un père génétiques, et parfois même une mère porteuse, dans l'utérus de laquelle l'œuf est implanté pour la gestation. Il ne s'agit pas là de thérapie génique – on ne touche pas aux gènes isolés –, mais on n'en est pas loin puisqu'on ajoute directement de l'ADN par le biais des mitochondries.

Parallèlement à ces pratiques, des expériences ont lieu pour étudier la barrière sexuelle et les limites physiologiques : on a réalisé toutes les chimères possibles, au stade embryonnaire, et notamment procédé à des fécondations in vitro homme-guenon. Une expérience visant à fabriquer un modèle animal proche de l'homme a vu naître le premier singe génétiquement modifié par l'introduction d'un gène humain dans l'ovule d'une guenon, dans l'Oregon, en 2001.

Toujours aux États-Unis, les généticiens de pointe en sont à faire des expériences sur la création de la vie ex nihilo, jusqu'ici impossible. Les échecs à partir d'additions d'éléments de matière ont conduit à aborder le problème à l'envers : démonter la vie et retirer les gènes presque un par un d'une cellule jusqu'à atteindre le minimum indispensable à la vie.

Mais revenons à nos choix scientifiques, et éthiques. Considérons la thérapie génique, médiatisée par le Téléthon, cet immense plateau technique gourmand en machines et en argent. Voilà près de vingt ans que cette opération télévisuelle réunit des fonds exceptionnels grâce à un remarquable élan de solidarité publique pour les enfants atteints de maladies génétiques. L'an dernier, le Téléthon a rapporté environ cent millions d'euros, une somme de l'ordre du budget annuel de l'Institut national de la santé et de la recherche médicale (INSERM) qui finance toute la recherche médicale publique en France ! Et qu'en fait-on ? On s'est beaucoup focalisé sur la thérapie génique, dont les résultats sont encore fort peu convaincants – et l'on comprend de mieux en mieux pourquoi –, alors que ces sommes pourraient permettre de doubler les crédits de la recherche et résoudre maintes questions. Les comités scientifiques du Téléthon ont une énorme responsabilité à disposer d'un tel budget.

Mais avec quels outils et sur quels critères évaluons-nous l'utilisation des fonds du Téléthon ? Ils ont d'abord servi à aider les familles des malades : tant mieux, même si la mobilisation vise en premier lieu à soutenir et stimuler la recherche génétique, notamment celle sur les maladies orphelines. Le Téléthon a permis de financer la connaissance d'une petite partie du génome humain, décrypté en fait par un consortium international de laboratoires. Mais qu'en est-il pour les enfants myopathes ? Les résultats se font toujours attendre. Les promesses données l'auraient-elles été hâtivement ? Les voies choisies se révéleraient-elles infructueuses ? On a aussi tenté de soigner par thérapie génique des enfants atteints de déficit immunitaire, des « enfants-bulles » auxquels il manque un gène spécifique dans les globules blancs qui active les défenses. Seize enfants-bulles ont été traités en Europe (la majorité à Paris, six en Angleterre). Trois d'entre eux sont tombés gravement malades un à deux ans après le début du traitement. L'un est mort de leucémie, les deux autres sont soignés. L'expérience a débouché sur un moratoire en France et en Grande-Bretagne, qui a été levé. Les médecins conviennent des risques du traitement, mais ils les considèrent comme inférieurs à ses bénéfices. Tels sont les propos du Pr Alain Fischer, un des responsables du programme, dans les colloques mais aussi devant les commissions chargées d'évaluer les risques de la thérapie génique.

Le coût humain, l'élan de solidarité, les sommes exceptionnelles récoltées pendant près de vingt ans, méritent que les protocoles de recherches des firmes et des scientifiques financés par le Téléthon soient mieux partagés, et leurs résultats, même décevants, expliqués. Il semble que dans cette aventure nous ne tirions pas assez profit de l'expérience... Les insuccès depuis vingt ans ont-ils été analysés ? On s'est focalisé sur le gène qui manquait, et qu'il fallait insérer, mais ce qu'on obtient dans un modèle simplifié in vitro n'est pas forcément transposable dans un organisme complet où jouent toutes sortes de régulations. Pourquoi persister dans le credo obsolète « un gène correspond à une protéine et une fonction » ? Lorsqu'on insère un gène dans une cellule, la plupart du temps elle ne le capte pas ; et quand elle le capte, elle peut n'en rien faire, puis mourir (pas forcément à cause du gène, c'est le lot de toutes les cellules...), ou en faire quelque chose, mais qui souvent n'a pas l'efficacité attendue. À l'évidence, la technique de modification génétique est aussi à revoir. Alors pourquoi continuer à faire des promesses, à entretenir l'espoir, à détourner la solidarité vers une énorme machinerie technologique qui accouche d'une souris ? C'est un gâchis sans nom et un manque de respect pour les malades et leurs familles. Peut-être est-il temps de séparer clairement l'aide aux familles et l'aide à des hypothèses de recherche qui n'ont pas encore abouti ? Pourquoi ne pas chercher des solutions ailleurs ? Du côté de la stimulation électrique ? De la restauration par thérapie cellulaire à l'aide de cellules souches ? – certains projets sont lancés, timidement. Ne peut-on travailler en collaboration avec d'autres approches médicales, d'autres médecines ? On demeure prisonnier d'une pensée unique, le gène, avec toujours cette obsession : il est LA solution. En refusant d'explorer la multiplicité des possibles. Aux antipodes de la pensée écologique et d'une démocratie de l'évaluation qui reste à inventer.

En considérant l'éthique comme un frein à ses activités – alors qu'elle devrait en être le moteur –, une certaine pratique scientifique se place au-dessus de l'homme et s'arroge le droit de définir l'humain, la manière de le soigner (ou de le lui faire croire), jusqu'à un jour choisir ses gènes !

VII

LA TERRE EN PARTAGE

« Toute notre philosophie s'écroule mais un être nouveau peut être procréé. Le vrai problème, le seul problème non technique, c'est celui du modèle d'homme ou plutôt de posthominien qu'il faut édifier. Ce modèle devra être la réalisation concrète de l'humanisme au moment même ou celui-ci tombe en miettes. »

Edgar Morin, *Journal de Californie*

Après le lourd constat que nous venons d'esquisser, comment inverser la vapeur ? Comment construire un avenir meilleur pour nos enfants ? Comment assurer durablement la vie des générations futures ? Car nous en sommes là. À ne plus rien pouvoir promettre à ceux qui vont nous succéder. Auparavant la vie ne se promettait pas, elle se transmettait. On plantait des arbres pour la troisième génération de descendants, tout simplement, tout naturellement...

Aujourd'hui, le futur se confond hélas trop souvent avec la rentabilité immédiate. Il suffit de jeter un œil sur CNN : sur l'écran, les cours des places boursières du monde entier, affranchis des décalages horaires, défilent en continu. Un horizon fait d'indices boursiers en temps réel... Pour l'économie de marché, c'est fondamental, en effet. Tous ceux qui manipulent des capitaux ont les yeux rivés sur la situation présente, et ne regardent guère plus loin que le lendemain matin. Le marché règne et se suffit à lui-même. Un marché libre, sans aucune régulation, sans gestion équitable des besoins ni protection efficace des plus faibles. De quoi engendrer de plus en plus d'exclus. Tel est le futur économique.

Quant au futur politique, il a pour horizon la fin du mandat. Pas de futur au-delà de la réélection. Nous en connaissons les conséquences : l'impétrant ne se prive pas de prendre des décisions au nom de l'efficacité et de la rentabilité immédiates, puisque c'est la collectivité qui en paiera les conséquences, par-delà les mandats successifs qu'il peut espérer. Ainsi de nos gaspillages énergétiques, auxquels certains ne savent que répondre de manière monolithique par la construction de nouvelles centrales nucléaires (qui, même si elles ne génèrent pas une augmentation de l'effet de serre comme le charbon ou le pétrole, produisent des déchets radioactifs) ; ainsi des choix d'aménagement du territoire controversés, comme les barrages sur la Loire, corsetant ce fleuve divagant à la si riche biodiversité ; ainsi de l'arrachage des haies pour les monocultures intensives ; de l'assèchement des zones humides où nichent d'innombrables oiseaux ; de la construction de banlieues-prisons ; de ces mégapoles-champignons proliférant autour du monde ; de la surpêche vidant la mer de ses poissons. Ainsi de la dette publique, qui enfle en continu. Les élus qui sont responsables de ces choix ne seront plus là pour payer l'addition le jour venu. Ce sont nos enfants qui devront éponger les dettes, gérer les déchets, démanteler à coût élevé les centrales nucléaires, qui n'ont qu'une durée de vie limitée. « Après nous, le déluge ! » Le marché prime sur tous et sur tout.

Entre le système économique, mondialisé, et les systèmes politiques, qui sont nationaux, le fossé est énorme. Aucune politique n'est capable de maîtriser un tel système. Une mondialisation du pouvoir politique articulée sur une régionalisation de celui-ci permettrait peut-être d'équilibrer la mondialisation économique, d'atteindre des solutions durables. Nous ne plaidons pas ici pour un dangereux et liberticide gouvernement mondial, mais il nous semble urgent de réfléchir à un renforcement de l'ONU. Alors ne restons pas les bras croisés !

Car il existe un autre futur possible. On y raisonne en termes de préservation de la planète, de santé des générations futures, d'égalité d'accès aux ressources vitales, d'équité dans le partage des richesses. Ce type de pensée et de comportement en est encore à ses balbutiements. À une exception près : le dérèglement climatique avec la création du GIEC, Groupe intergouvernemental sur l'évolution du climat, et sa consultation par les chefs d'État. Mais il en a fallu des tornades, des cyclones, des sécheresses, des canicules même, des inondations, bref des catastrophes climatiques, pour qu'une partie de la classe politique entende ce que ces scientifiques disent publiquement depuis plus de quinze ans.

On aimerait que les biologistes s'unissent pour dénoncer à leur tour avec la même vigueur les menaces qui pèsent sur les écosystèmes et sur la santé des êtres vivants. Et on aimerait qu'ils soient entendus.

C'est dos au mur que les politiques prennent des décisions. En l'occurrence, le mur n'est pas seulement celui des catastrophes naturelles ou industrielles possibles, c'est aussi celui des conséquences à assumer, donc des coûts pour l'État et la collectivité, avec le risque que les compagnies d'assurances ne soient bientôt plus en mesure de rembourser les dégâts... notamment en cas de graves accidents climatiques.

Il est vrai que la gestion des problèmes environnementaux n'est pas simple. Les frontières politiques nées de l'histoire ne tiennent pas compte de la dimension écologique et délimitent des ensembles géographiques qui ne sont ni cohérents ni logiques à gérer sur le plan écologique. Prenez par exemple le bourg de Schengen au Luxembourg, rendu célèbre par les accords du même nom qui réglementent la liberté de circulation des personnes au sein de l'Union européenne : c'est le point de croisement de trois frontières, luxembourgeoise, allemande et française. En réalité, la frontière écologique, disons la frontière géographique « naturelle », est située trois kilomètres avant la frontière française actuelle, à l'endroit où la Moselle entre dans le massif schisteux rhénan. Bref, ici, la France a resquillé ! Si les frontières avaient épousé les entités écologiques, il serait plus aisé de gérer l'inscription de l'homme dans la nature. Mais l'histoire, avec ses guerres et ses traités, en a décidé autrement. Seules les agences de l'eau recouvrent exactement les limites des bassins fluviaux dont elles gèrent les ressources. Il en est ainsi pour le Rhin : une commission internationale est nécessaire pour que dialoguent autour d'une table la Suisse, l'Allemagne, la France, les Pays-Bas, le Luxembourg, la Belgique. Aucun pays, aucun gouvernement, ne peut gérer à lui seul le Rhin, ses pollutions, son trafic fluvial, ses ressources en eau. Si la dimension écologique prééminait, le bassin du Rhin serait un seul pays... multilingue comme la Belgique. En Europe, des territoires qui furent dans le passé des motifs de guerre se révèlent aujourd'hui les moteurs d'une coopération active. Ainsi du QuattroPole unissant des villes du bassin moyen de la Moselle : Metz, Luxembourg, Trèves, Sarrebruck. Sur le pourtour méditerranéen se dessine une solidarité des peuples pour limiter les pollutions littorales et marines. L'écologie bien comprise ne peut être mise en œuvre sans dialogue international.

L'histoire nous enseigne que les hommes, quand ils se pensent, à leur échelle, dans un système aux ressources quasiment infinies, s'adonnent prioritairement au commerce et à l'expansion économique, matérielle. L'économie, telle que nous la pratiquons, ne prend en considération que le court terme, les facteurs conjoncturels. Elle jugera absurde de produire de l'électricité par énergie éolienne car « le kilowattheure nucléaire est moins cher ». À très court terme, c'est vrai, le nucléaire est plus « rentable ». Mais seulement parce que les recherches et la mise au point ont été payées par nos impôts. Et l'on reporte sur les générations suivantes les coûts et les conséquences du démantèlement des centrales et de la gestion des déchets... Sans oublier la difficulté de séparer le nucléaire civil du nucléaire militaire [1], à laquelle s'ajoute le danger de les voir l'un et l'autre exposés à la menace terroriste.

Le développement durable, lui, suppose souvent des investissements, rentables sur le long terme, en matière énergétique par exemple, et qui se mettront en place seulement s'il existe chez nos gouvernants une forte volonté politique. Mais réjouissons-nous de constater que ceux qui doutent de la nécessité d'un tel développement sont aujourd'hui de moins en moins nombreux.

Pour stimuler ces démarches nouvelles, des contre-expertises indépendantes des pouvoirs financier et politique sont nécessaires. La consultation d'organismes regroupant des scientifiques indépendants comme le Criirad [2] pour ce qui concerne l'énergie nucléaire, la radioactivité, ou le Criigen [3] pour les OGM et les pollutions génétiques ; la fondation Sciences citoyennes, le Consiglio dei diritti genettici en Italie, etc. D'autres encore réunissent de plus en plus d'experts et affichent leur vocation militante : ISIS en Angleterre,

1. Voir notamment Georges Charpak, *De Tchernobyl en tchernobyls*, Paris, Odile Jacob, 2005.

2. Centre de recherche et d'information indépendantes sur la radioactivité. www.criirad.org

3. Comité de recherche et d'information indépendantes sur le génie génétique, présidé par Corinne Lepage, et dont J.-M. Pelt et G.-É. Séralini sont respectivement secrétaire général et président du conseil scientifique : www.crii-gen.org

le Mouvement pour le droit et le respect des générations futures, Greenpeace, ou la WWF sont autant d'exemples stimulants qui contribuent activement à l'émergence du développement durable.

Aujourd'hui, nous sommes des millions à être conscients que les ressources naturelles sont polluées ou en voie d'épuisement, que la Terre est un système écologique limité, sans possibilité d'extension. Des organismes puissants ont le pouvoir d'orienter la marche du monde : le Fonds monétaire international, la Banque mondiale et l'Organisation mondiale du commerce. L'écologie ne dispose de rien. D'aucune instance internationale, supranationale. Ne peut-on imaginer la création d'une Organisation mondiale de l'environnement, l'OME ? Une OME qui ferait contrepoids à l'Organisation mondiale du commerce... Attelons-nous à la tâche. En nous appuyant, pourquoi pas, sur le trop petit Programme pour l'environnement des Nations unies (qui protège les ressources de la Terre, mais manque considérablement de moyens par rapport à la hauteur des enjeux).

La gravité de la situation nous place devant le choix suivant : ou nous continuons à appliquer des « pansements », ou nous lançons un programme ambitieux de sortie de crise. Et il y a urgence ! Prenons un exemple : la pollution de l'air, essentiellement générée par les activités anthropiques, les moteurs thermiques de machines, les industries, les voitures, camions, tracteurs et avions. Les pansements, ce seraient le pot catalytique et le moteur qui consomme moins, des solutions qui entretiennent au passage un marché pour les industriels de l'automobile et du pétrole. Mais cela ne résout ni l'émission de gaz carbonique, ni le recours au pétrole dans la fabrication des produits industriels (pétrochimie et dérivés), ni l'épuisement des ressources pétrolières.

Autres types de pansement : les fondations ou antennes environnementales qu'ont créées certains industriels. S'agit-il de se donner bonne conscience ? De montrer patte blanche aux citoyens et d'afficher jolie bannière, en allouant quelques fonds à une cellule de communication qui effectuera, avec le concours d'experts, tout un travail de veille et de réflexion sur ces questions et pourra dire, chaque fois que l'occasion s'en présentera, combien l'entreprise est investie, concernée par le devenir de la planète, et quelles mesures elle a prises dans ce sens...

La recherche de formules alternatives du type moteur électrique ou fonctionnant à l'hydrogène est en cours, certes, mais c'est insuffisant. Elles supposent des investissements considérables et sans doute aussi, pour certaines industries, des aides à la reconversion et des prestations compensatoires que les États, donc les citoyens, devront leur verser. En un mot, il s'agit de diversifier.

Diversifier les solutions, les énergies, en fonction des circonstances et des connaissances. Il n'y a aucune solution miracle qui remplacerait toutes les énergies à la fois. Si l'électricité s'impose pour les locomotives, elle est tout à fait discutable pour le chauffage dont le bilan thermique est désastreux.

En Europe, on parle aujourd'hui à l'envi de développer la recherche et l'innovation. Mais quelles recherches, quelles innovations ? Tout ne se vaut pas. Il faut faire des choix. Et parmi les questions qui nous préoccupent, l'épuisement des ressources pétrolières est incontestablement une priorité, car rien, actuellement, n'est en mesure de remplacer les énergies fossiles. La pollution de l'eau et de l'air constitue également une priorité. La recherche doit être mobilisée pour aider à cerner les problèmes et à circonscrire la crise écologique qui menace.

D'aucuns diront que nous enfonçons des portes ouvertes, que tout cela ressemble fort à des pétitions de principe. Mais nous sommes prêts à nous attabler demain avec des responsables politiques. Et nous avons commencé depuis des années déjà, des décennies pour Jean-Marie, avec l'aménagement écologique de la ville de Metz, entre autres.

Aménageons d'ores et déjà la transition vers cette autre manière de vivre ensemble. Ils sont un certain nombre à avoir travaillé cette perspective et ces questions. À leur suite, nous voulons évoquer les mesures qui nous semblent indispensables, ici et maintenant.

Préserver l'or vert. L'or vert, c'est tout à la fois l'agriculture et les algues, le couvert forestier, l'humus, toutes les plantes qui fabriquent de la matière organique vivante et de l'oxygène, grâce à la merveille qu'est la photosynthèse.

Il y a un grand chantier à ouvrir : celui d'une approche écosystémique de la forêt, qui intègre les principes de précaution et de préservation de cette ressource. Cela passe par une évaluation mondiale de la surface d'or vert nécessaire pour produire le volume d'oxygène indispensable à l'écosystème planétaire. Nous savons déjà que nous sommes sous le seuil minimum, en raison de la surexploitation des forêts qui déséquilibre le cycle oxygène/gaz carbonique[1]. (Au cours des 150 dernières années le déboisement, en réduisant les dégagements d'oxygène, a contribué à hauteur d'environ 30 % à l'accumulation du CO_2 dans l'atmosphère ; le reste est imputable aux combustibles fossiles.) En outre, la forêt est, avec l'océan, l'un des deux grands régulateurs du climat. Elle protège aussi les sols tropicaux de l'assèchement[2] et constitue un moteur du cycle de

1. Les végétaux consomment le gaz carbonique de l'atmosphère : ils gardent le carbone et rejettent l'oxygène.

2. En Amazonie, après avoir abattu la forêt, on a mesuré une élévation de la température au niveau du sol jusqu'à 12 °C.

l'eau. Dans *L'homme qui plantait des arbres*, de Giono, un homme transforme un désert en un village luxuriant, en plantant pendant des décennies des arbres qui par leur évaporation créent des nuages, la pluie, les sources, l'agriculture...

L'humus des forêts constitue à lui seul une mine d'or : riche en micro-organismes, il offre de quoi travailler et élaborer de nouveaux médicaments et antibiotiques. Et pas seulement l'humus, la cime des arbres dans les forêts tropicales aussi. Elle est nommée la canopée ; y règnent, à 30 ou 40 mètres au-dessus du sol, fleurs et insectes méconnus. Interface entre l'atmosphère et la forêt, elle est aussi un panneau solaire essentiel à la croissance et au fonctionnement de la forêt tout entière. Des centaines de chercheurs venus du monde entier l'ont étudiée en Guyane, au Cameroun, au Gabon, à Panama, là où la forêt primaire équatoriale flirte avec le ciel, là où se fait la reproduction sexuée des arbres. Le dispositif d'exploration est très original, c'est le bien nommé « radeau des cimes » : une plateforme légère de 300 ou 600 m^2 déposée au-dessus de la masse touffue des arbres par un dirigeable. Les équipes scientifiques y accèdent à l'aide de matériel d'alpinisme classique, et peuvent y travailler, y résider et y dormir : ce radeau sert tout à la fois de laboratoire et de lieu de vie. Constitué par un assemblage de pontons gonflés à l'air, reliés par un filet, il se révèle être un instrument idéal pour évaluer rapidement la biodiversité d'une canopée forestière. Les espèces qui y fourmillent montrent l'incroyable ardeur de la vie : les trois quarts des insectes de la planète et une flore particulièrement abondante et unique. Le radeau des cimes a permis deux découvertes majeures : d'une part, il a mis en évidence une importante suractivité biochimique de la canopée – les molécules actives, utilisables en médecine, chimie, agrochimie, pharmacie, parfumerie..., sont bien plus abondantes et variées dans la canopée qu'au sol[1] ; d'autre part, il a révélé que les différentes branches maîtresses d'un grand arbre n'ont pas le même génome !, ce qui remet totalement en question notre conception habituelle des arbres. Les concepteurs de ce radeau, Francis Hallé, directeur du laboratoire de botanique tropicale de l'université de Montpellier, Dany Cleyet-Marrel (pilote) et Gilles Ebersolt (architecte), poursuivent leurs étonnantes explorations de la canopée à travers le monde et lancent un appel : il faut défendre les forêts primaires qui sont aujourd'hui détruites à un rythme affolant. Il faut protéger les trésors qu'elles recèlent : elles ont un rôle capital dans l'équilibre écologique de la planète.

Ainsi la forêt dans toute sa globalité et sa diversité contient des milliers d'espèces de plantes

1. Franics Hallé, *Le Radeau des cimes, l'exploration des canopées forestières*, Paris, J.-C. Lattès, 2000.

médicinales qui ne nous ont pas toutes livré leur secret. De quoi inciter à développer l'ethnopharmacologie et à tirer un enseignement des savoirs traditionnels.

La forêt est aussi le moteur potentiel d'un cycle vertueux de production énergétique. À condition qu'on ne prélève pas dans les forêts primaires et qu'on replante celles qu'on a décimées. La matière végétale peut être utilisée de différentes façons : en la faisant fermenter pour obtenir du gaz, en brûlant du bois pour se chauffer, en produisant des biocarburants à partir d'huiles végétales. Le gaz carbonique rejeté lorsqu'on brûle ces carburants d'origine végétale est à nouveau fixé par les plantes, grâce à la photosynthèse. Il ne s'accumule pas dans l'atmosphère, il est continuellement recyclé.

Il en va tout autrement avec les carburants fossiles : on vide la terre de ces carburants et, en les brûlant, on envoie tout leur carbone sous forme de gaz carbonique dans l'atmosphère. Dans ce cas, le processus d'accumulation de gaz carbonique est cumulatif, alors qu'avec les carburants végétaux le recyclage est permanent. Il est donc urgent de replanter des forêts... et d'envisager une répartition des terres agricoles – celles destinées à la bioénergie et celles destinées aux cultures alimentaires. En matière énergétique, aucune solution n'est LA solution. Qui peut raisonnablement tenir un tel discours, sinon dans le but de préserver quelque monopole énergétique ? La biomasse apporte une réponse parmi d'autres avec les énergies solaire, éolienne, géothermique, marémotrice... Alors soyons prévoyants, ne mettons plus tous nos œufs dans le même panier. Après l'ère du tout-nucléaire, mieux vaut envisager le bouquet énergétique diversifié.

Au chapitre agricole, on sait que la monoculture appauvrit la biodiversité. Choisissons d'approfondir les systèmes de polycultures agrobiologiques, plus efficaces dans la durée et respectueux de l'écosystème[1]. La plupart des variétés productives actuelles nécessitent l'emploi d'engrais et de pesticides, sans lesquels elles périclitent. Elles sont en réalité trop fragiles pour s'adapter à l'agriculture durable. La nécessaire reconversion prendra du temps, celui des solutions pratiques intermédiaires qui passent par le développement progressif de semences plus rustiques et par l'agriculture de proximité, diversifiée par les polycultures, le repeuplement des campagnes, l'agriculture paysanne.

De grands économistes s'accordent de plus en plus à penser que l'agriculture a pour vocation

1. André Pochon, *Les Sillons de la colère*, Paris, La Découverte, 2002 ; Gilles Luneau, *Les Nouveaux Paysans*, Monaco, Éd. du Rocher, 1997 ; Philippe Desbrosses, *L'Intelligence verte*, Monaco, Éd. du Rocher, 1997.

première de nourrir un territoire, de garantir la souveraineté alimentaire des populations, et que les continents doivent devenir autonomes. En conséquence, les échanges agricoles lointains ne doivent pas déstabiliser l'économie vivrière locale. En exportant à bas prix vers les pays du Sud les excédents de leur agriculture subventionnée, les pays riches ruinent les agriculteurs des pays pauvres. En préservant les races animales et les semences locales, l'agriculture préserve la biodiversité ; nous y gagnons en qualité et nous évitons des transports coûteux en énergie qui sont autant de facteurs de risques sanitaires. Par exemple, en Europe et dans le monde, on voit se développer des associations pour le maintien de l'agriculture paysanne (AMAP) qui réunissent agriculteurs et consommateurs (aujourd'hui dans toutes les régions françaises). Les premiers garantissent aux seconds la qualité, souvent biologique, de leur production en échange d'un contrat d'achat au trimestre, souvent sous forme de panier hebdomadaire. Enfin, il n'y a pas de développement durable qui ne préserve aussi les hommes : les échanges agricoles, comme les autres actes commerciaux, doivent se faire dans les règles du commerce équitable, garant d'une juste rétribution du travail et du respect des structures sociales. Les pays occidentaux y perdront peut-être un peu en produits alimentaires très bon marché, mais gagneront une agriculture durable, bioéquitable, liée aux terroirs. Tels sont les maîtres mots pour l'agriculture de demain.

Préserver l'or bleu. La gestion de l'eau commande un changement radical de nos habitudes. Pour la première fois de son histoire, l'espèce humaine va manquer d'eau potable, et ce malgré les inondations sporadiques que le dérèglement climatique provoque. L'eau potable est très inégalement répartie : moins de dix pays se partagent 60 % des gisements d'eau douce[1]. Dans plusieurs pays méditerranéens, les ressources en eau sont plus que limitées (Égypte, Israël, Palestine, Jordanie, Libye, Malte), ou en voie de l'être. Sur les 6,5 milliards d'habitants de la Terre, 1,3 milliard n'ont pas accès à l'eau potable (1 personne sur 5), 2 milliards ne bénéficient pas d'installations sanitaires, 4 milliards n'ont pas de réseau d'assainissement[2] Avec pour conséquence une eau insalubre, contaminée, donc le développement d'épidémies (choléra, dengue, etc.) qui tuent cinq millions de personnes par an, plus que le sida.

Le réchauffement climatique, la poussée démographique, la concentration des populations dans

1. Anne-Marie Sacquet, *Atlas mondial du développement durable*, Paris, Autrement, 2002.

2. *Ibid.*

les villes vont aggraver la situation, et l'on s'achemine vers des pénuries d'eau tous les étés. Dans le Sud-Ouest français, les pompages dans les nappes phréatiques (pour irriguer le maïs essentiellement, de manière de plus en plus irresponsable et les pollutions tarissent l'eau douce). L'Europe du Sud est déjà confrontée à la raréfaction de l'eau en été. Cette raréfaction n'ira pas sans poser aussi des problèmes de refroidissement des centrales nucléaires, donc des problèmes de sécurité, et de production énergétique. Les réserves mondiales s'épuisent, mais nous continuons à gaspiller l'eau potable : quand un Africain utilise en moyenne 30 litres d'eau par jour, un Européen en gaspille 250, un Américain 600[1] ! La gestion de l'eau renouvelable, celle des nappes phréatiques, fleuves et plans d'eau alimentés par les pluies dépasse les seuls intérêts régionaux ou nationaux. Là encore, il importe de coopérer, gérer par bassin, contrôler le niveau et les modes d'utilisation de la ressource.

Quant à l'eau douce des lacs, des fleuves et des rivières, elle représente moins de 1 % des océans. Les besoins allant croissant, il va falloir améliorer

1. Anne-Marie Sacquet, *Atlas mondial du développement durable, op. cit.* Tous usages confondus : cela ne concerne pas le seul usage individuel ; ces chiffres englobent la consommation des différents secteurs d'activité, notamment l'industrie et l'agriculture, rapportée au nombre d'habitants... Mais n'oublions pas qu'un bain avale 250 litres !

le dessalage de l'eau de mer (par la technique d'osmose inverse), mieux récupérer l'eau de pluie et les eaux usées, irriguer les cultures avec des systèmes de goutte-à-goutte au pied des plantes à l'aide de tuyaux finement percés (comme on le fait en Israël mais aussi aux États-Unis). Il faudra peut-être installer comme au Japon deux circuits dans les habitations : un pour les eaux usées, un pour les eaux réutilisables (au moins pour certains usages) après un traitement sommaire.

La houle, les vagues, les marées, les courants... la mer est une source d'énergie énorme, renouvelable et encore peu explorée. Hydroliennes et turbines sous-marines capables de transformer en énergie la force des courants, usines marémotrices, bouées à piston faisant de même avec le mouvement des vagues, à l'avenir la mer pourrait nous fournir de l'énergie, mais aussi de l'eau dessalée.

Mais les écosystèmes marins subissent la pression de trois facteurs principaux : la pollution par les hydrocarbures, la pêche industrielle et le bétonnage des côtes. Les dégazages déversent en moyenne six millions de tonnes d'hydrocarbures tous les ans dans les océans. Là encore, décisions politiques et règles internationales (suppression des pavillons de complaisance, contrôle technique des bateaux, surveillance des côtes) sont les bienvenus. La fin du pétrole ne marquera pas la fin des transports maritimes, ni le retour aux galions du XVIIe siècle. Un armateur scandinave travaille sur un projet de cargo de 21 000 tonnes propulsé par une pile alimentée par des panneaux solaires et des capteurs d'énergie de vagues, et complétés par des voiles rigides et mobiles.

La FAO, l'organisation des Nations unies pour l'alimentation et l'agriculture, considère que 74 % des ressources halieutiques mondiales (poissons, mollusques, crustacés...) qui sont sous sa surveillance font l'objet d'une surexploitation. Mais limiter la taille des espèces pêchées ne suffit pas. Les solutions passent par la volonté politique : interdire momentanément la pêche dans certaines eaux, comme l'a fait le Canada pour restaurer ses populations de morue ; réduire les prélèvements excessifs et réfléchir aux modes de pêche, afin d'évaluer l'impact écologique des bateaux-usines qui, outre leur consommation de fuel, rejettent des milliers de tonnes de poissons morts parce qu'ils ne présentent pas d'intérêt commercial ou qu'il s'agit d'espèces protégées non commercialisables. Quant aux artisans pêcheurs, ils doivent être aidés dans leurs efforts d'amélioration des techniques de pêche sélective, d'économie d'énergie, ou, le cas échéant, dans leur reconversion en éleveurs de poissons biologiques, par exemple.

Les écosystèmes forestiers côtiers que sont les mangroves ont diminué de moitié en vingt-cinq ans. Une disparition qui sacrifie la biodiversité, car les oiseaux et poissons s'y reproduisent, et influe sur l'aridité des côtes et les catastrophes naturelles : les mangroves freinent les tsunamis d'amplitude moyenne. Quant au bétonnage des littoraux, il élimine les frayères à poissons, les herbiers à posidonies par exemple, et appauvrit du même coup les ressources halieutiques des mers. Il en est de même de l'asséchage des marais littoraux qui nourrissent une riche micro-faune, que mangent les poissons comme l'a montré Jean-Claude Lefeuvre dans la baie du Mont-Saint-Michel[1].

Préserver l'or transparent. Avec l'air, nous sommes placés devant une incontournable réalité : nous ne savons pas dépolluer l'air d'une ville, nous attendons le vent... La seule attitude possible est donc la prévention. L'air pollué provoque des dommages sanitaires très importants chez les personnes sensibles[2]. Chaque année, en France, des milliers de personnes – asthmatiques, fragiles au niveau cardio-vasculaire ou broncho-pulmonaire – meurent prématurément. On peine à évaluer l'incidence de la pollution atmosphérique sur la mortalité à moyen et long terme, ou

1. J.-C. Lefeuvre, P. Lafaille, E. Feunsteun, V. Bouchard, A. Radureau, « Biodiversity in salt marshes : from patrimonial value to ecosystem functioning. The case study on the Mont St Michel Bay », *C. R. Biologies*, n° 326, 2003, p. 125-131.

2. N. Kunzli, I. B. Tager, « Air pollution : from lung to heart », *Swiss Med Wkly*. n° 135, 2005, p. 697-702.

sur les cancers du poumon, déclenchés ou non par le tabac[1]. Quant aux enfants âgés de deux à quatre ans, ils ne peuvent développer une capacité pulmonaire normale et sont plus vulnérables aux affections cardiaques à l'âge adulte, leur organisme étant chroniquement mal oxygéné (pollué par les émissions des pots d'échappement). La pollution atmosphérique réduit donc directement l'espérance de vie de la population.

Face au péril, on retrouve le procédé « pansement ». On pourrait insuffler de l'air purifié dans chaque appartement : mais l'air ne serait alors plus un bien patrimonial collectif, il deviendrait un produit marchand. Il est plus raisonnable de ne pas polluer l'air, donc de revoir toutes les sources de pollution existantes. En premier lieu, les moyens de transport utilisant du combustible fossile. Il faut d'abord et simplement moins consommer.

Les moteurs ne recrachent pas que de l'oxyde et du dioxyde de carbone, ainsi que des oxydes d'azote, ils sont aussi à l'origine, sous l'effet du rayonnement solaire, de la formation d'ozone. C'est un polluant très préoccupant, qui se déplace beaucoup, jusqu'à la périphérie des villes, et dont

1. F. Brims, A. J. Chauhan, « Air quality, tobacco smoke, urban crowding and day care : modern menaces and their effects on health », *Pediatr. Infect. Dis. J.*, nº 24, 2005, p. 152-156.

on ne se protège pas, même en allant se réfugier à la campagne. Par contre, cet ozone néfaste n'a pas de contact, ou fort peu, avec l'ozone indispensable de la stratosphère qui manque déjà, tant il est dégradé par nos polluants persistants, tels les chlorofluorocarbones (dus aux gaz réfrigérants). Et ce malgré un accord international les interdisant, du fait de la lenteur de leur dégradation. Les effets bénéfiques sont plus longs à se manifester que les maladies. L'altération de la couche d'ozone stratosphérique provoque une augmentation du rayonnement ultraviolet qui aggrave notamment la prévalence des cancers de la peau, les mélanomes, et altère le bon fonctionnement de l'effet de serre naturel.

L'air, avec ses vents et courants, peut faire tourner des éoliennes. Le principe est connu de tous. Il offre de nombreux avantages sur la production nucléaire : peu de contraintes d'installations, diversité des tailles possibles. Une éolienne en outre ne constitue pas une cible potentielle, alors qu'un avion fonçant sur un réacteur déclencherait un nouveau Tchernobyl, sans parler des trafics de matières irradiantes ou irradiées par les mafias. Les éoliennes sont certes dépendantes du vent mais ne produisent pas de déchets et n'exigent aucun démantèlement coûteux. Certes la production d'électricité éolienne ne remplacera jamais à elle seule l'énergie nucléaire. Elle constitue une énergie d'appoint, adaptée à l'échelle d'un territoire : hameau, village, canton, immeuble. Son usage simplifie le transport d'énergie. Elle entre dans une politique de multiapprovisionnements énergétiques, pousse à la coopération locale, intercommunale. Il est possible de participer à un miniréseau éolien, complété selon les saisons par de l'énergie solaire, de la « biomasse », de la géothermie etc., mais aussi par un habitat mieux étudié dans sa conception et ses matériaux.

Préserver le diamant de la société. C'est pour nous un préalable : l'homme est au centre de notre mobilisation. La Terre n'a pas besoin de nous pour continuer son existence cosmique. Nous, nous avons besoin d'elle dans un état qui satisfasse nos aspirations. Notre économie, globalisée comme elle l'est, ne préserve ni l'homme ni la nature. Elle est toujours sur le versant sombre de la théorie darwinienne : la compétition avec son corollaire, l'élimination des plus faibles. Biologistes, nos mots-clés sont la diversité, la coordination et la complémentarité. Le développement durable, c'est d'abord respecter l'autre, le protéger. La préservation des liens sociaux, la valorisation des initiatives collectives, de l'économie sociale, l'amélioration des conditions de vie, l'égalité d'accès aux biens fondamentaux, le respect des cultures, l'éducation, la justice sont les piliers indispensables du développement durable.

Encore faut-il s'entendre sur le mot développement. Nous ne l'entendons pas au sens d'une croissance continue (impossible au demeurant), d'une inflation des biens de consommation. Car personne ne doit rester sur le carreau de l'économie. Une société digne de ce nom attache un extrême souci à la personne. L'économie doit être au service de celle-ci et non l'inverse. L'être humain n'est pas une variable d'ajustement des plans de production ou de résultats financiers.

On est en droit de se poser des questions sur la richesse quand les deux cent cinquante plus grandes fortunes du globe pèsent plus lourd que celle de la moitié de la population mondiale. Dans nos économies, un métier en vaut un autre : délocalisation, suppression des métiers, et que suive qui peut déménager, accepter des baisses de salaire... Les métiers changent : les informaticiens sont pléthoriques, les artisans de plus en plus rares, et les boulangers qui se lèvent encore la nuit auront bientôt disparu au profit du seul pain décongelé. Pourtant, à l'aune de la durabilité de la planète, un métier n'en vaut pas un autre. Un inventeur de pesticides, ou d'OGM à pesticides, ne vaut pas un forestier qui restaure un massif. Un fabricant de plastique non dégradable, qui laisse suinter des phtalates dans l'alimentation qu'il emballe, ne vaut pas le travail d'un agriculteur bio. Un industriel de l'armement ne vaut pas une infirmière, pourtant bien moins rétribuée que lui.

La société de développement durable que nous appelons de nos vœux conduit à des reconversions professionnelles, guidées par des impératifs pas seulement économiques : l'écologie, la diversification, les échanges équitables, l'épanouissement, la moralisation des grands circuits financiers, la culture... et même des choix boursiers éthiques, de plus en plus recherchés. Elle favorise l'artisanat et les entreprises de proximité. Utopie ? Certes, car il en faut du désir et de la volonté pour prendre ce chemin ! Et il faut nous armer d'une joyeuse patience pour le parcourir. Robert Schuman, dont Jean-Marie Pelt fut très proche, fut brocardé parce qu'il éteignait chaque soir les lumières du ministère des Finances. Celui qui eut le courage de réconcilier très tôt la France et l'Allemagne, dès 1950, en lançant avec la Communauté européenne du charbon et de l'acier (CECA) la construction européenne, expliquait joliment la mise en œuvre de son idée, alors utopique : « Pour faire l'Europe, il nous faut traverser un gros torrent, mais il n'y pas de pont. Alors, on regarde l'endroit exact où on veut aboutir, et sans dévier d'objectif on va évaluer les pierres sur lesquelles on va pouvoir mettre les pieds, celles sur lesquelles on ne pourra pas, toujours en gardant le point d'arrivée dans le collimateur, comme l'objectif fondamental vers lequel on se dirige[1]. » Un

1. Entretien avec Jean-Marie Pelt.

objectif précis, même lointain mais constituant une finalité qui va structurer les décisions politiques et la souplesse que requièrent les modalités de mise en œuvre.

Regardez, depuis notre appel en 1996, pour un moratoire et plus de recherches sur leurs impacts, les mobilisations pour mieux contrôler les OGM. Après l'appel il y a eu des manifestations, des pétitions, des démarches auprès de l'Union européenne, auprès des élus locaux, l'obtention d'un moratoire de 1998 à 2003 pour la mise en place de l'étiquetage, mais aussi des actions de désobéissance civique comme les fauchages, et aujourd'hui plus de 100 régions européennes, plus de 3 500 zones subrégionales ou régionales se sont déclarées sans OGM. Elles ont mandaté plus de 200 délégués pour coordonner la préservation de leur agriculture contre la pollution génétique. Résultat : les végétaux génétiquement modifiés sont cent fois moins cultivés que les semences biologiques en Europe, et alors que les prévisions industrielles de 1996 tablaient sur 50 % de surfaces agricoles européennes cultivées en OGM pour l'an 2000, nous sommes en 2006 cinq mille fois en dessous des prévisions. Le mouvement a franchi la Méditerranée et un grand pays agricole comme le Maroc vient de refuser les OGM. Tout comme le Japon, soucieux de préserver son archipel. Et le peuple suisse a voté en novembre 2005 un moratoire de cinq ans. Cette déferlante a abouti à une directive européenne (2001/18), et surtout à des règlements qui ont force de loi partout dans l'Union européenne (1829 et 1830/2003), parce qu'ils sont, à l'inverse d'une directive, directement applicables, sans transcription en droit national. Ils portent sur l'étiquetage obligatoire et la traçabilité des OGM. Cette directive a servi de référence et a aidé à convaincre plus de 150 États à signer et ratifier le Protocole de Carthagène sur la prévention des risques biotechnologiques, qui permet à un pays d'identifier l'importation d'OGM. Bien sûr, il manque un cahier des charges consignant précisément les tests à réaliser pour évaluer les risques sur la santé. Cependant, il s'agit de la meilleure directive au monde pour le contrôle des OGM. Sur cette question, la mobilisation de la société civile est globale, dénuée de revendication corporatiste. Car la société civile entend *choisir son mode de vie*. C'est la première fois au monde qu'un mouvement mobilise des personnes de toutes conditions sociales, de toutes sensibilités spirituelles et politiques, de tous les continents *pour* préserver l'écosystème. Lorsqu'elle se mobilise globalement, la société civile devient incontournable. Aussi résistante qu'un diamant. Cette initiative contre la modification et la privatisation du vivant marque une véritable avancée de la démocratie.

Le respect des hommes ne peut passer que par un dialogue régulier entre science et société civile, entre scientifiques et citoyens. En toute modestie et avec l'appétit de contradictions que réclame la démocratie. Nous sommes nombreux, scientifiques ou non, à partager notre inquiétude quant à la situation. Nous craignons notamment que le corps scientifique ne révise aisément la conception de son rôle – c'est pourtant d'un *aggiornamento* dont il a besoin. Car un danger nous guette : l'outil de liberté et de culture que la science est devenue pourrait devenir un outil d'asservissement. C'est pourquoi nous invitons les jeunes chercheurs en sciences de la vie à prononcer un serment éthique qui engage leur responsabilité morale, à l'instar du serment d'Hippocrate pour les médecins. Le chercheur s'engagerait ainsi à respecter l'état du monde, à mesurer l'impact de ses recherches sur l'homme et sur les écosystèmes, à transmettre son savoir.

Devenus conscients de l'état de la planète, citoyens soucieux du bien commun, ces chercheuses et chercheurs passionnés par cet extraordinaire objet vivant retrouveraient la capacité de s'enchanter et de préserver la Terre pour les dix milliards d'êtres humains qui s'annoncent... Un pas des hommes vers l'homme. Et la société y gagnera des savants.

Dans sa théorie de la biosphère, le grand savant russe Wladimir Vernadsky[1] explique la Terre

1. Wladimir Vernadsky, *La Biosphère*, Paris, Seuil, 2002.

comme étant formée de couches concentriques en interaction. La lithosphère composée de roches et d'eau a par son contact avec l'atmosphère fait naître la biosphère : la couche de la vie végétale et animale, où l'action de chaque élément pèse sur l'ensemble. Au-dessus de la biosphère, Vernadsky comme Teilhard de Chardin voient se développer « l'enveloppe de la substance pensante », c'est-à-dire la conscience humaine. Une approche qui place le respect de la vie et l'harmonie avec la nature au centre de nos vies quotidiennes. Une sagesse que nos sociétés technologiques ont niée, refoulée, ignorée. Peut-être un nouveau souffle de vie, et pour cela une nouvelle conception de la biologie que nous appelons de tous nos vœux.

SERMENT ÉTHIQUE

Ce serment, inspiré du Serment d'Hippocrate pour les médecins, est destiné à être soumis à l'approbation des chercheurs en sciences de la vie et à être prononcé lors de la soutenance de leur thèse.

« Je jure d'être fidèle à l'éthique du respect des personnes et des vies humaines et de contribuer au développement de la connaissance et à la plus large diffusion du savoir.

« Je respecterai toutes les espèces dans leur biodiversité : ce respect inspirera mes actes et mes projets au cours de mes expérimentations sur les animaux ou les tissus humains.

« Je m'efforcerai de soulager les souffrances de tous les êtres vivants.

« Admis(e) dans l'intimité tissulaire ou génétique des personnes, je tairai leur identité et m'astreindrai au secret médical.

« Même sous la contrainte, je ne ferai pas usage de mes connaissances contre les lois de l'humanité.

« Je préserverai l'indépendance nécessaire à l'accomplissement de ma mission.

« Je m'informerai et réfléchirai au sens de mes expérimentations et à leurs conséquences.

« Je veillerai à ce que mes travaux et recherches ne soient pas utilisés à des fins de destruction ou de manipulation.

« Je respecterai les savoirs des ethnies et des sociétés traditionnelles.

« J'aurai garde de ne pas oublier mes responsabilités à l'égard des générations présentes et futures.

« Je n'accepterai pas que des considérations de nationalité, de culture, de politique ou d'avantages matériels me détournent de mes devoirs.

« J'interviendrai pour défendre, s'il m'en est donné l'occasion, l'ensemble de ces règles.

« Que les hommes et mes confrères m'accordent leur estime si je suis fidèle à mes promesses.

« Que je sois déshonoré(e) et méprisé(e) si j'y manque. »

REMERCIEMENTS

Nous remercions vivement les scientifiques qui ont nourri certaines de nos réflexions : Éric Bois, astronome, qui a travaillé sur la rareté de la vie, et mis en relief les contraintes de la dynamique céleste et les librations de la lune ; Jean-Michel Panoff, pour ses travaux sur la biodiversité en microbiologie ; et le Pr Yvon Le Maho, de l'Académie des sciences, pour ses études sur la biodiversité animale.

Les idées que nous avons développées dans cet ouvrage demeurent cependant sous notre entière responsabilité.

TABLE

Composition et mise en page

NORD COMPO
multimédia

CET OUVRAGE
A ÉTÉ ACHEVÉ D'IMPRIMER
SUR ROTO-PAGE
PAR L'IMPRIMERIE FLOCH
À MAYENNE EN AVRIL 2006

N° d'éd. FU054901. N° d'impr. 65585.
D. L. : avril 2006.
Imprimé en France